JN106205

日本陸海軍勝因の研究

鈴木荘一
Suzuki Soichi

さくら舎

はじめに

明治維新に始まり太平洋戦争敗戦で終わる日本近代史は、初の対外戦争である日清戦争に始まり日露戦争、第一次世界大戦を経て日中戦争、太平洋戦争の敗戦に至る「戦争の時代」でもあった。

本書はこれらの戦争を「日本の対外戦争」と総称したうえ、戦史研究の成果を踏まえつつ、各作戦における日本陸海軍の成功例を分析し、日本陸海軍の組織的長所やそれに起因する諸作戦の勝因を論じたものである。

「戦争の時代」の末、惨憺《さんたん》たる敗戦を味わった日本人は、戦後、「なぜ負けたのか。負けることがわかっているのに、なぜ無謀な戦争に突入したのか。対米開戦という重大なる判断の誤りが、未曽有《みぞう》の敗戦を運命づけた」と考えた。そして、戦争におけるさまざまな作戦や判断が、ことごとく誤っていたとするのが一般認識となった。しかしそのように大きくまとめてしまい、綿密な振り返りや分析がなされなかった結果、敗戦の苦渋を戦後から現在にいたるまで引きずっているのは残念なことである。

そこで本書ではあえて、分析の対象を、日清戦争、日露戦争、第一次世界大戦、太平洋戦争における、日本陸海軍の諸作戦の成功例にしぼった。それらの決定・遂行・実施を分析することによって、極めて「日本的組織」である日本陸海軍の組織的美点や特性を析出し、それを現代組織論への教訓とし、現代的・今日的意義を探ろうというのが、本書の意図である。

たとえば、初の対外戦争である日清戦争のとき、首相の伊藤博文《いとうひろぶみ》は早期終結方針を打ち出した。日本軍が満州へ進軍して大勝したら、清朝が崩壊してしまう。すると、降参する主体がいなくなるため、講和する相手がいなくなる。また西欧列強が清朝を軍事支援すれば、日本は西欧列強と戦わなければならない窮地に陥るというのがその理由である。

軍部を代表する参謀次長・川上操六《かわかみそうろく》も同意見で、鼻息荒い現地軍に一旦停止を命じた。しかし第一軍司令官である山県有朋《やまがたありとも》が一旦停止命令を無視して進撃したので、明治天皇の勅語を得て山県を解任し、帰国させた。だから日清戦争は早期に終戦となったのだ。これは素晴らしい成功例だった。

日本陸軍は昭和十二年（一九三七年）頃までは、川上操六以来のこうした健全な考え方を継承していた。

しかし昭和十二年七月から始まる日中戦争では、同年十二月に日本陸軍が苦戦に耐えて南京《ナンキン》を攻略したとき、日中不戦論者で早期和平を熱願する参謀次長・多田駿《ただはやお》が翌年一月十三日の御前会議（天皇着座の会議）で一日も早い和平を力説した。ところが外相の広田弘毅《ひろたこうき》が戦争継続論の立場から「外交大権は外務省の占有であり、外交に関する参謀本部の早期和平論は断固として拒否する」と反論し、広田外相の戦争継続論が採択された。この結果、日中戦争は蔣介石《しょうかいせき》を軍事支援するアメリカ・イギリスとも戦う太平洋戦争へ発展し、日本人犠牲者三百十万人を出したうえ、敗戦となった。

ほかの例もある。わが国は第一次世界大戦（一九一四年七月～一九一八年十一月）のとき、日英同盟の相手国であるイギリス外相グレーの要請を受諾し、アメリカ、イギリス、フランスなどの連合国陣営に参加した。そして日本海軍は連合国の海上輸送路をドイツ海軍の潜水艦などから守るという海上交通を防衛する殊勲を挙げ、日露戦争のときのイギリスの支援に報いた。これによりイギリスの信頼を勝ち取り、国際連盟の常任理事国になる輝かしい栄光を得た。

ところが日本人はそののち、こういった成功体験をすっかり忘却してしまい、アメリカ、イギリスに大戦争を挑んで未曽有の敗戦に至ったのである。

日本人は勝てば慢心し、負ければ悄然《しょうぜん》となり、失敗経験をくよくよと抱え込んで自虐に陥《おちい》り、無気力になりがちである。勝って冷然、負けて泰然たる態度を保持したいものだ。

本書は、戦術面などを含め、日本の対外戦争の八つの成功例を取り上げ、内容を分析した。

どの人間にも長所と短所があり、どの国にも成功と失敗がある。人を育てるということは欠点を指摘して矯正させることより、長所・美点を発見・指摘してそれを伸ばすよう指導するというのが教育学の要諦《ようてい》である。国策を考える要諦も、成功例を思い起こして、再びの成功を得ることではなかろうか。

歴史を学ぶのは、自国の成功体験に酔って夜郎自大《やろうじだい》になるためでも、自国の失敗体験にどっぷりひたって自虐に陥り、無気力になって努力を怠《おこた》るためでもない。自国の成功体験を冷静かつ謙虚に分析して語り継ぎ、将来においても成功し勝ちつづけるためである。

私が本書で切に訴えたいことは、過去の成功を忘れた国民のたどる道がいかに悲惨であり、その勝因を忘れなかった国民のたどる道がいかに栄光と輝きに満ちたものであるか、ということにつきる。

令和三年六月

鈴木荘一

目次◉日本陸海軍　勝因の研究

第二章　シンガポール攻略戦の勝因

第二部　日清戦争　初の対外戦争

第一章　ロシアを恐れた日本

第二章　日清戦争の勝因

第三部　日露戦争と日本陸軍

第一章　旅順攻略戦の勝因

第二章　遼陽会戦の勝因

日本陸海軍　勝因の研究

第一部　太平洋戦争

第一章　キスカ島撤退作戦の勝因

太平洋戦争で撤退に成功した唯一の好例

●あらまし●

昭和十六年（一九四一年）十二月に開戦した太平洋戦争で緒戦に勝利した日本は、戦線を拡大し、太平洋の多くの島々を占領した。しかしひとたび制海権・制空権を失うと、これらの島々に置かれた守備隊将兵は食料・弾薬などの補給を打ち切られ、さりとて降伏も許されず、棄民されたうえ玉砕（全滅すること）を強《し》いられた。

こうしたなかにおける昭和十八年七月の「キスカ島撤退作戦」は、アメリカ軍が制海権・制空権を確保する困難な状況下において、日本海軍の木村昌福《きむらまさとみ》少将が一滴の血も流さず、一兵の犠牲も生じず、キスカ島守備隊将兵全員を無事帰還させた、奇跡ともいうべき作戦である。そこには木村昌福の部下将兵を愛する温かい心と、実戦経験に裏付けられた冷静な判断があった。よく、

「日本人はダメージ・コントロール（失敗による損害を極小化すること）が下手」

といわれる。しかしキスカ島撤退作戦は、太平洋戦争において日本海軍の木村昌福少将がみせた、ダメージ・コントロールの唯一の成功例なのである。

第二段作戦開始――珊瑚海海戦

太平洋戦争の緒戦であるマレー・シンガポール攻略（第一部第二章参照）は、真珠湾攻撃とならぶ太平洋戦争の第一段作戦だった。第一段作戦が成功すると、次の第二段作戦をどうするか、いろいろな議論が出てきた。

内大臣である木戸幸一《きどこういち》ら天皇周辺では、大川周明《おおかわしゅうめい》博士が唱えた「米豪分断作戦」、すなわち、

「フィジー島（Fiji）・サモア島（Samoa）を占領するFS作戦でアメリカと豪州（オーストラリア）を分断し、支那《しな》（中国のこと）・南太平洋・豪州を軍事征服して世界新秩序建設としての『大東亜共栄圏《だいとうあきょうえいけん》』を確立し、広範囲な長期持久の不敗体制を構築する。ドイツがイギリスを屈服させ欧州を支配するのは確実であるから、アメリカは孤立に絶望し、わが皇威に恐れをなして降参し、大東亜戦争（太平洋戦争のこと）は日本の勝利となって終わるであろう」

という気宇《きう》壮大《そうだい》・唯我《ゆいが》独尊《どくそん》な構想が支持されていた。

昭和天皇はマレー・シンガポール攻略という南方作戦が日本軍有利のうちに進展したこ

とをいたく喜び、ご機嫌麗《うるわ》しくあらせられ、香港《ホンコン》が陥落した昭和十六年（一九四一年）十二月二十五日には、

「平和克復《こくふく》後は南洋を見たいし、日本の領土となるところなれば支障なからむ」（『小倉庫《おぐらくら》次《じ》侍従日記』）

と仰《おお》せられた。天皇は「南洋（南太平洋の島々のこと）はいずれ日本の領土になる」とお考えになられたようだ。

昭和天皇が、昭和十七年一月六日、参謀総長の杉山元《すぎやまはじめ》に、

「南方作戦は既定計画より相当進度が早いようだが、計画を修正する必要はないか」

とご下問なされると、杉山参謀総長は、

「第一段作戦（真珠湾攻撃とマレー・シンガポール攻略戦）が終了すれば米豪分断作戦など、かねて申し上げました戦争終末促進の腹案に準拠する作戦を目下検討中であります」

と奉答申し上げた。杉山参謀総長が述べたことは、大東亜共栄圏の樹立を唱える大川周明博士の主張に沿っていた。

天皇は、杉山元の奉答に対して、

「よろしい。それはすみやかにやれ」

と仰せられ、杉山に米豪分断作戦を督促《とくそく》なされた。

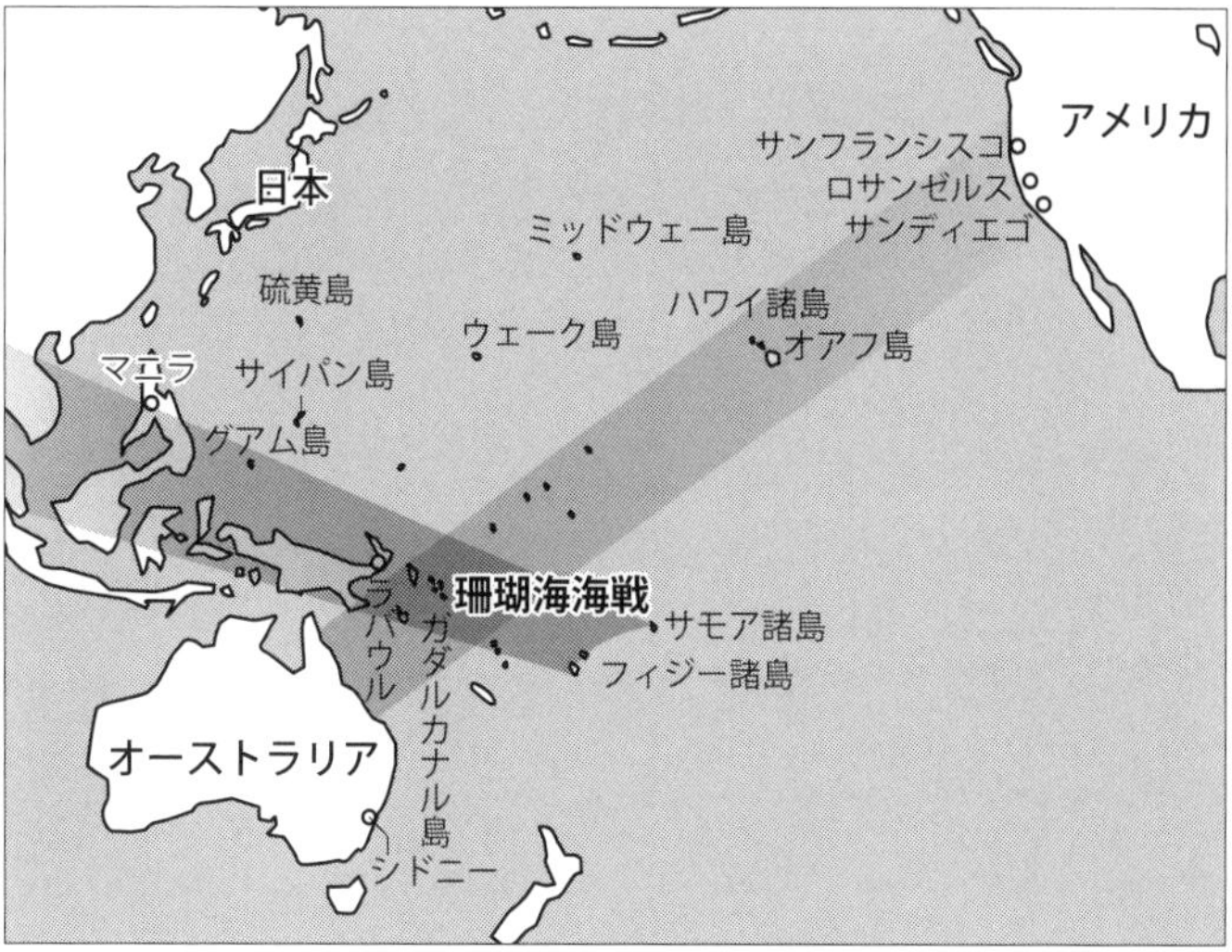

図1：米豪分断作戦と珊瑚海海戦

日本海軍の作戦を決定する立場にある海軍軍令部は、そもそも天皇の幕《ばく》僚《りょう》であるのだから、天皇から督促されたならば、米豪分断作戦をただちに実行しなければならない。

そこで、アメリカ・オーストラリア連合と、日本の米豪分断作戦の交点である珊瑚《さんご》海《かい》が決戦場となった（**図1**）。こうして昭和十七年五月七日に勃発した珊瑚海海戦は、世界戦史上、初の空母（航空母艦のこと）決戦となった。アメリカ空母「レキシントン」が沈没、「ヨークタウン」が損傷。日本は空母「祥鳳《しょうほう》」が沈没、「翔鶴《しょうかく》」が損傷。痛み分けとなった。

このの ち日本海軍の連合艦隊司令長

官・山本五十六《やまもといそろく》は、

「米豪分断作戦という長期持久作戦をやめて、短期決戦で早期和平に導くべきである」

との作戦構想から、ミッドウェー周辺海域に米空母群をおびき出して一気に撃滅する、短期決戦主義の「ミッドウェー作戦」を主張した。

かかる論争のさなか、アメリカ空母「ホーネット」が日本近海に近づき、昭和十七年四月十八日九時頃、千葉県東端の犬吠埼《いぬぼうさき》東方海上から発艦した爆撃機十六機が、東京など日本本土をはじめて空襲した。ドーリットル中佐が率いた「ドーリットル空襲」である。

ミッドウェー作戦の支作戦としてのキスカ島・アッツ島占領

ドーリットル空襲の被害は軽微だったが、天皇の住む帝都東京にアメリカ爆撃機が侵入し爆撃されたことは、「警戒を怠った海軍の落ち度である」とされた。そこでミッドウェー島とアリューシャン群島（キスカ島、アッツ島など）を占領し、両者を結ぶ海上線に漁船改造の特設監視艇を配備して哨戒《しょうかい》線を引き、米空母の再度の接近を阻止することが企図された。

このミッドウェー海戦について左記の奉勅《ほうちょく》命令＝大海令（天皇が海軍トップである海軍軍令部総長に下す絶対命令のこと）が下った。

「大海令第十八號　　昭和十七年五月五日
　奉勅　軍令部總長　永野修身
　山本聯合艦隊司令長官ニ命令
　一、聯合艦隊司令長官ハ陸軍ト協力シ「ミッドウエイ」島及「アリューシャン」群島
　　西部要地ヲ攻略スベシ
　二、細項ニ關シテハ軍令部總長ヲシテ之ヲ指示セシム」

すなわち大海令は、
　一、ミッドウェー島とキスカ島・アッツ島等アリューシャン群島を占領し、
　二、両者を結ぶ太平洋の海上線に、漁船改造の特設監視艇を多数配備し、
　三、米空母群の接近を発見したら直ちに打電・通報、日本空母群が急行し、
　四、海上決戦を行って米空母群を撃退する
という広大な海域に及ぶ壮大な作戦であった。

ここにミッドウェー作戦が発動された。

このとき日本海軍は空母八隻をもつ空母大国であったから、八隻の空母を三分し、ミッドウェーに「赤城《あかぎ》」「加賀《かが》」「蒼龍《そうりゅう》」「飛龍《ひりゅう》」の四空母を投入し、キスカ島・アッツ島の攻略のため「龍驤《りゅうじょう》」「隼鷹《じゅんよう》」の二空母を投入。「翔鶴」は珊瑚海海戦で損傷し、広島県の呉《くれ》軍港にて修理中、「瑞鶴《ずいかく》」は珊瑚海海戦で搭乗員多数を喪失し、飛行機隊の補充・再建が困難で戦列から離れていた。一方、アメリカが保有する空母は四隻であった。

前述のとおり奉勅命令＝大海令が指示したミッドウェー作戦の骨子は、北方海域においてキスカ島・アッツ島などのアリューシャン群島を占領し、南方海域においてミッドウェー島を占領して太平洋を南北に縦断し、その縦断哨戒線以西の太平洋を日本の勢力圏とする海上作戦である（**図2**）。

こうしてミッドウェー作戦の支作戦として、空母「龍驤」「隼鷹」の支援を得て、昭和十七年（一九四二年）六月七日、キスカ島へ海軍陸戦隊千三百人が上陸し、アッツ島へ陸軍千二百人が上陸。そののち兵力が増強され、キスカ島守備隊は海軍約三千二百五十人、陸軍約二千四百五十人、合計約五千七百人、アッツ島守備隊は陸軍約二千六百五十人となった。キスカ島はアメリカ本土に近い最前線だったから、アッツ島より数多く配属された

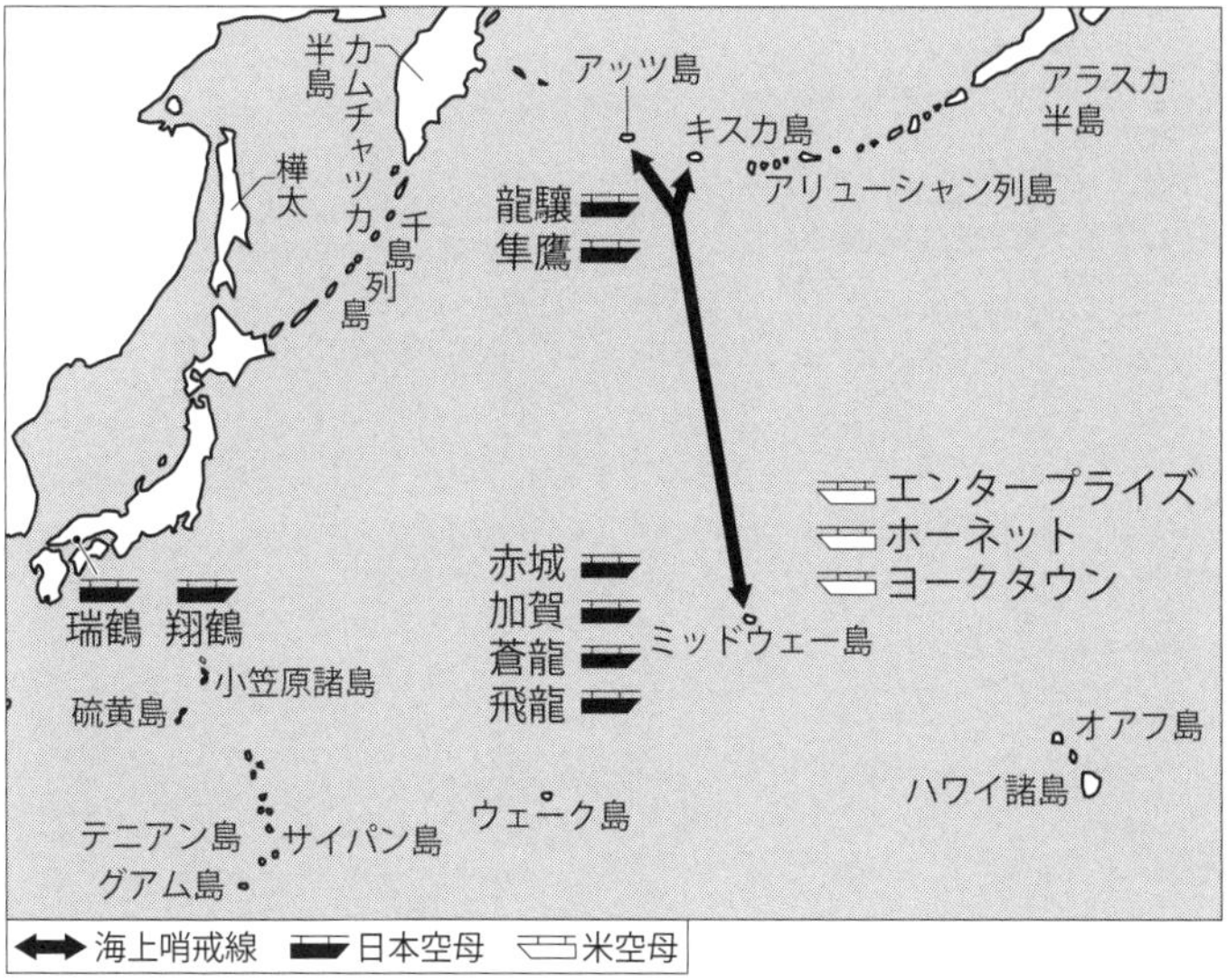

図2：大海令が指示したミッドウェー島とアリューシャン群島の占領作戦

のである。

しかし、昭和十七年六月五日に行われたミッドウェー海戦で、日本海軍はアメリカ空母艦載機に急襲され、「赤城」「加賀」「蒼龍」「飛龍」の四空母を喪失する大敗を喫した。

このためミッドウェー作戦の支作戦として占領したキスカ島とアッツ島は、敵前に孤立してしまった。

アメリカ軍のアッツ島強襲上陸

アメリカ陸軍参謀総長マーシャルは、日本軍のキスカ島・アッツ島の占領について、

「戦略的には重要ではないが、心理的にはアメリカ国民に重大な不安を

生んだ」

と述べ、キスカ島・アッツ島を奪還することとした。アメリカ軍は海空から両島を攻略することとし、昭和十七年（一九四二年）九月十四日にアメリカ戦闘機が両島上空の制空権を確保し、そののちアメリカ爆撃機が両島を爆撃するようになった。

アメリカは、昭和十八年一月、キスカ島・アッツ島の奪還を決定した。

こののちアメリカ水上艦艇が両島周辺の制海権を確保して両島への海上輸送路を遮断したので、日本輸送船による補給は不可能となった。こうして制海権・制空権をアメリカ軍に完全に握られたキスカ島・アッツ島は、前進することも撤退することも増援部隊を送り込むことも、さらには現状を持久するための補給も途絶する困難な状況に陥った。

かかるなか日本陸海軍は、昭和十八年四～五月頃、

「アメリカ軍は、近々、キスカ島・アッツ島の奪還作戦を行うだろう」

と判断し、キスカ島・アッツ島の放棄・撤退を含め、具体的な研究に入った。

その矢先の五月十二日、アメリカ軍一万五千人がアッツ島（守備隊長・山崎保代《やまざきやすよ》陸軍大佐）へ強襲上陸したのである。

大本営（天皇直属の最高戦争指導機関）は、アメリカ軍がアッツ島に上陸して六日後の五月十八日、アッツ島は放棄し、キスカ島（陸海軍あわせて約五千七百人）からは撤退す

ると決定した。

アッツ島守備隊は五月二十九日に全滅（日本軍戦死者二千六百三十八人）した。

第一期撤退作戦

キスカ島撤退作戦は、本来なら夜陰に乗じて駆逐艦などの高速艦艇により行うのが最も効率的であるが、海軍はすでに多くの駆逐艦を失っており、駆逐艦を撤退作戦に使用する余裕がなかった。そこで潜水艦による撤退作戦が実行された。これが第一期撤退作戦である。

第一期撤退作戦は潜水艦十三隻によって行われた。アッツ島全滅二日前の五月二十七日、潜水艦「伊七《いなな》（伊号第七潜水艦）」がキスカ湾へ入泊して六十人を収容し帰途についた。これがキスカ撤退作戦の開始である。この時期の日本潜水艦のキスカ島への進入は、周辺海域に立ち込める濃い霧を利用し、アメリカ哨戒艦艇の警戒の隙をついて行われた。六月十日時点のキスカ島在留人員は、陸軍二千四百二十九人、海軍三千二百十人、合計五千六百三十九人だった。

潜水艦による撤退作戦は、敵が制空権と制海権をもっているなかで行われるため、苦労の多い作業だった。そのうえ六月上旬になるとアメリカの駆逐艦や小型哨戒艦艇にはレーダーが装備され、濃霧の無視界状態でも有効なレーダー射撃を行える状況になった。六月十三日には「伊二四」がアメリカ駆潜艇に撃沈され、六月十四日には「伊九」がアメリカ駆逐艦「フラジュール」のレーダー射撃により撃沈された。また「伊七」は、六月二十二日、アメリカ駆逐艦「モナガン」のレーダーに探知されて砲撃を受け艦長が戦死し、キスカ島付近の岩礁に乗り上げ擱座《かくざ》・自爆する無惨な最期を遂げた。

キスカ島からの撤退作戦に従事する第一水雷戦隊の戦時日誌は、こうした事情を、

「(敵は日本潜水艦を) 電波探信儀、聴音機ヲ以テ霧中ニ捕捉シ、精度良好ナル電探射撃ヲ以テ (日本潜水艦の) 同島周辺ノ行動ヲ困難ナラシメ……」

と記録している。

この潜水艦作戦について、「伊三六」の艦長・稲葉《いなば》通宗《みちむね》中佐は、潜水艦乗組員のなかに、「補給のことも考えないで、遠く離れた島々を占領するから、こんなことになるのだ。頭の悪い奴が上級にいると、末端は無駄死にさせられるわい」

と聞こえよがしに不平を言う者が少なくなかった、と証言している。

日本海軍の潜水艦

アメリカ海軍は潜水艦を、無防備・無抵抗の日本軍輸送船を襲って撃沈する「通商破壊

作戦」に用いた。しかし日本海軍の潜水艦は「海の忍者」を自任しており、その戦い方はこういったものだった。

まず海中深く姿を隠し、敵空母が巡洋艦・駆逐艦などに周囲を守られた輪形陣で前進してくるのを感知する。そして敵巡洋艦・敵駆逐艦などの輪形陣を海中深くかいくぐってやり過ごし、敵空母の横腹へ浮上して、至近距離から魚雷を放って敵空母を撃沈。そして速やかに潜航・退避するのである。

この模範となる日本潜水艦「伊十九（艦長・木梨鷹一《きなしたかかず》海軍少佐）」は、昭和十七年（一九四二年）九月十五日、ガダルカナル島沖のソロモン海でアメリカ空母「ワスプ」（排水量一八二五二トン、搭載機七十六機）を距離九百メートルの至近からの魚雷攻撃で撃沈した。「ワスプ」は日本空母「蒼龍」（排水量一八四四八トン、搭載機五十七機）とほぼ同級の正規空母である。

また、昭和二十年七月三十日、アメリカ重巡洋艦「インディアナポリス」は、広島・長崎への原子爆弾をテニアン島へ運んだのちの帰路、フィリピン海で日本潜水艦「伊五八（艦長・橋本以行《はしもともちつら》少佐）」の魚雷攻撃を受け沈没した。「伊五八」は六本の魚雷を放って三本を命中させた。これが日本潜水艦の本来業務なのである。

「どん亀《がめ》」とよばれる苦しい任務に耐える日本潜水艦乗組員は、無防備・無抵抗の日本輸送船を襲うアメリカ潜水艦とはちがい、一撃で敵将を倒す誇り高き「海の忍者」であった。

日本潜水艦が遠く離れた孤島に取り残された陸軍部隊の救出に向かうことは、山奥を自由に駆け回る鹿やイノシシが、鉄砲を構えて待ちうける猟師の罠《わな》に吸い寄せられて撃たれるようなものであり、日本潜水艦乗組員の誇りをいたく傷つけるものであった。

潜水艦による第一期撤退作戦は、レーダーを活用したアメリカ軍の厳重な哨戒網により潜水艦三隻（伊二四、伊九、伊七）を喪失し、昭和十八年（一九四三年）六月二十三日に中止された。第一期撤退作戦の撤収人員は海軍三百八人、陸軍五十八人、軍属五百六人、計八百七十二人とされる。

そもそも潜水艦による撤退作戦は成果の割に損害が多く、無理があった。潜水艦一隻が一回に救出できるのは約六十人だから、キスカ島の残留将兵全員を撤退させるには、フル回転しても九月下旬までかかると試算された。しかし八月になれば盛夏の気候となり晴天に恵まれ、霧が晴れてしまう。霧が晴れる八月上旬には、アメリカ軍はキスカ島へ上陸・総攻撃をしかけるだろう。キスカ島からの撤収は、急ぐ必要がある。

第二期撤退作戦

六月十一日、木村昌福《きむらまさとみ》少将が、撤収活動にあたる第一水雷戦隊の司令官に就任した。木

村昌福は、さっそく六月二十四日、

「駆逐艦と軽巡洋艦によりキスカ残留将兵を一挙に撤収する。収容する将兵には小銃を放棄させる。気象専門の士官一名を気象予想班に増員する」

との方針を定め、潜水艦による第一期撤退作戦に代えて、駆逐艦と軽巡洋艦がキスカ湾内へ突入し、残留将兵を一挙に収容して離脱を図る撤退作戦に切り替えた。

木村昌福は駆逐艦艦長らからの信望厚い人物だった。この木村昌福が撤収活動にあたる第一水雷戦隊の司令官に就任したことは、適任であったといえる。

撤退作戦の成否を決める要素はふたつあった。

ひとつは、濃霧がキスカ島付近に発生していることである。濃霧が発生していれば敵飛行機の空襲を受けずにすむ。キスカ島の天候状況は撤収艦隊の死命を制するのだ。そこで気象士官として、九州帝国大学理学部物理学科を卒業した学徒の橋本恭一《はしもときょういち》少尉が第一水雷戦隊の旗艦「阿武隈《あぶくま》」に乗りこむこととなった。

もうひとつは、第一水雷戦隊に電探及び逆探を装備した高性能艦艇を配備することである。高性能艦艇が、レーダーでキスカ島付近に敵がいないことを確認すれば、撤収艦隊のキスカ湾への進入は安全である。日本駆逐艦で電探を装備した艦はほとんどなかったが、最新鋭レーダーを搭載し、就役したばかりで最優秀の新鋭駆逐艦「島風《しまかぜ》」が撤収艦隊に配

木村昌福

備された。

さらに肉眼でアメリカ軍に発見されたとしてもアメリカ艦と誤認させるよう、三本煙突の軽巡洋艦「阿武隈」「木《き》曾《そ》」の煙突のうち一本を白色に塗装して、二本煙突のアメリカ巡洋艦「ヒューストン型」のようにしたり、二本煙突の駆逐艦に偽装煙突を一本仮設して三本煙突のアメリカ駆逐艦のように見せかけたりと、偽装工作も施した。

木村昌福少将の要望で、多くの駆逐艦が集められ、

・収容隊：軽巡洋艦「阿武隈」「木曾」、駆逐艦「夕雲《ゆうぐも》」「風雲《かざぐも》」「秋雲《あきぐも》」「朝雲《あさぐも》」「薄雲《うすぐも》」「響《ひびき》」

・警戒隊：駆逐艦「島風」「五月雨《さみだれ》」「長波《ながなみ》」「初霜《はつしも》」「若葉《わかば》」

の陣容となった。

第二期撤退作戦の発動日はキスカ島付近の霧の発生状況による、というお天気次第だった。

気象士官・橋本恭一少尉の天気予報によれば、

「七月十一日にキスカ島付近に濃霧発生の見込み」

ということだった。そこでキスカ島までの航路日数を四日と見て、撤収艦隊は七月七日午後七時三十分に根拠地の幌筵島《ほろむしろ》を出撃し一路キスカ島へ向かった。このとき日本軍の燃料事情は逼迫《ひっぱく》しており、撤収作戦に使用できる重油は二回分しか確保できなかった。

気象士官・橋本恭一少尉は旗艦「阿武隈」の艦橋《かんきょう》で天気図とにらめっこしていた。天候は目まぐるしく変わり、天気予報は当たったり外れたりする。撤収艦隊がキスカ島に近づくにつれ、橋本恭一少尉の判断は、

「キスカ島方面の気圧上昇。キスカ島に霧なしッ！」

「キスカ島付近の天候は、淡霧あるも、視界は良好ッ！」

など頻繁に変わっていたが、霧は晴れてきた。突入決行日は十一日から十三日へ、さらに十四、十五日と延期されたが、十五日午前九時の橋本恭一少尉の最終判断は、

「撤収艦隊がキスカに到着する午後三時頃、キスカ付近は視界良好の見込みッ！」

というものだった。木村昌福は、燃料の残量が少なくなってきたことから突入を諦め、

「帰れば、また来られるからな」

とつぶやいて帰投命令を発し、撤収艦隊は十八日に幌筵島へ帰投した。

もしこのとき突入を強行したなら、当時のアメリカ軍の展開状況から見て、撤収艦隊はアメリカ軍に捕捉・撃滅されたであろう。突入を断念していったん退いた木村昌福の決断

は高く評されるべきでる。

再出撃

しかし撤収作戦を断念し、手ぶらで本拠地へ戻った木村昌福への批判はすさまじく、連合艦隊司令部や大本営などから、

「なぜ突入しなかった」「臆病風に吹かれたか」「いますぐ作戦を再開しキスカ湾へ突入せよ」

など轟々《ごうごう》たる非難を浴びた。この批判は、

「八月になれば霧が晴れるから撤収作戦は不可能になる。霧が晴れればアメリカ軍が上陸作戦を行うだろう。船舶燃料の重油が払底《ふってい》しており、作戦はあと一回しか行えない」

という焦りからきたものでもあった。しかし木村昌福はこの批判を意に介せず、

「やらねばならないのは確かだが、冷静・周到かつ上手に行うべきである」

として、碁を打ったり釣りをしたりしながら、濃霧が発生するのをじっと待った。

かかる七月二十二日、幌筵島の気象台が、

「七月二十五日以降、キスカ島周辺に確実に霧が発生する」

との天気予報を出した。そこで撤収艦隊は、間髪を入れず同日夜、幌筵島を出航した。

陣容は前回と同様、

・収容隊：軽巡洋艦「阿武隈」「木曾」、駆逐艦「夕雲」「風雲」「秋雲」「朝雲」「薄雲」「響」

・警戒隊：駆逐艦「島風」「五月雨」「長波」「初霜」「若葉」

である。もしアメリカ艦隊と遭遇したら、警戒隊の艦艇がアメリカ艦隊と戦い、その間に収容隊の艦艇がキスカ湾内へ突入し、ひとりでも多くの残留将兵を収容することとした。

撤収艦隊のルートは、根拠地の幌筵島を出ると北太平洋を一挙に南下し、そこから東へ進路を取り、そこで天候を待ったのち北上、機を見てキスカ湾内へ高速で突入。キスカ残留将兵を迅速に収容して全速でキスカ島を離れ幌筵島へ帰投、というものであった（図3）。

撤収艦隊が七月二十二日に幌筵島を出たときから、濃霧が発生していた。そこで各艦バラバラの進撃となり、七月二十五日に全艦が集結した。ところが翌二十六日、日没二分前の午後五時四十四分、視界約二百メートルの濃霧となり、駆逐艦「長波」「初霜」「若葉」の三隻が複雑に衝突する事故が起きる。損傷し速力が低下した「初霜」と「若葉」は、撤収艦隊から脱落した。

しかし、この不幸な衝突事故の原因となった濃霧は、撤収作戦の成功を予兆するものでもあったのである。

キスカ湾突入・超高速救出劇

アメリカ軍は昭和十八年（一九四三年）八月十五日をキスカ島上陸作戦の予定日として着々と準備を進め、戦艦「ミシシッピー」「アイダホ」、重巡洋艦四隻、軽巡洋艦一隻、駆逐艦九隻による大艦隊でキスカ島を海上封鎖したうえ、日本艦隊のキスカ島への接近を待ち伏せていた。

一方、木村昌福の撤収艦隊は七月二十七日、「突入日は七月二十九日」と決定した。

突入予定日の七月二十九日の午前一時頃、洋上は濃霧または霧雨で視界は一・五キロ。周辺上空にアメリカ哨戒機の活動はなく、周辺海域にアメリカ哨戒艦は認められなかった。

撤収艦隊が突入の準備を進めて増速し、キスカ島を視認した午前十一時頃、天候は、「霧が上を覆いて雲高五十メートル。下は空いて視界二キロ」（『藤井《ふじい》一美《かずみ》参謀の記録』）という絶好の気象条件となり、艦隊はキスカ湾内へ突入、午後一時四十分に投錨した。

この七月二十九日、アメリカ艦隊は周辺海域にいなかった。

待ち構えていたキスカ島残留将兵、約五千二百人を、大発（大型発動機艇。兵士七十人を輸送できる）のピストン輸送により、五十五分という短時間で迅速に収容した。

木村昌福は、将兵の収容を迅速に行うため、将兵の三八式歩兵銃を放棄させた。陸軍は

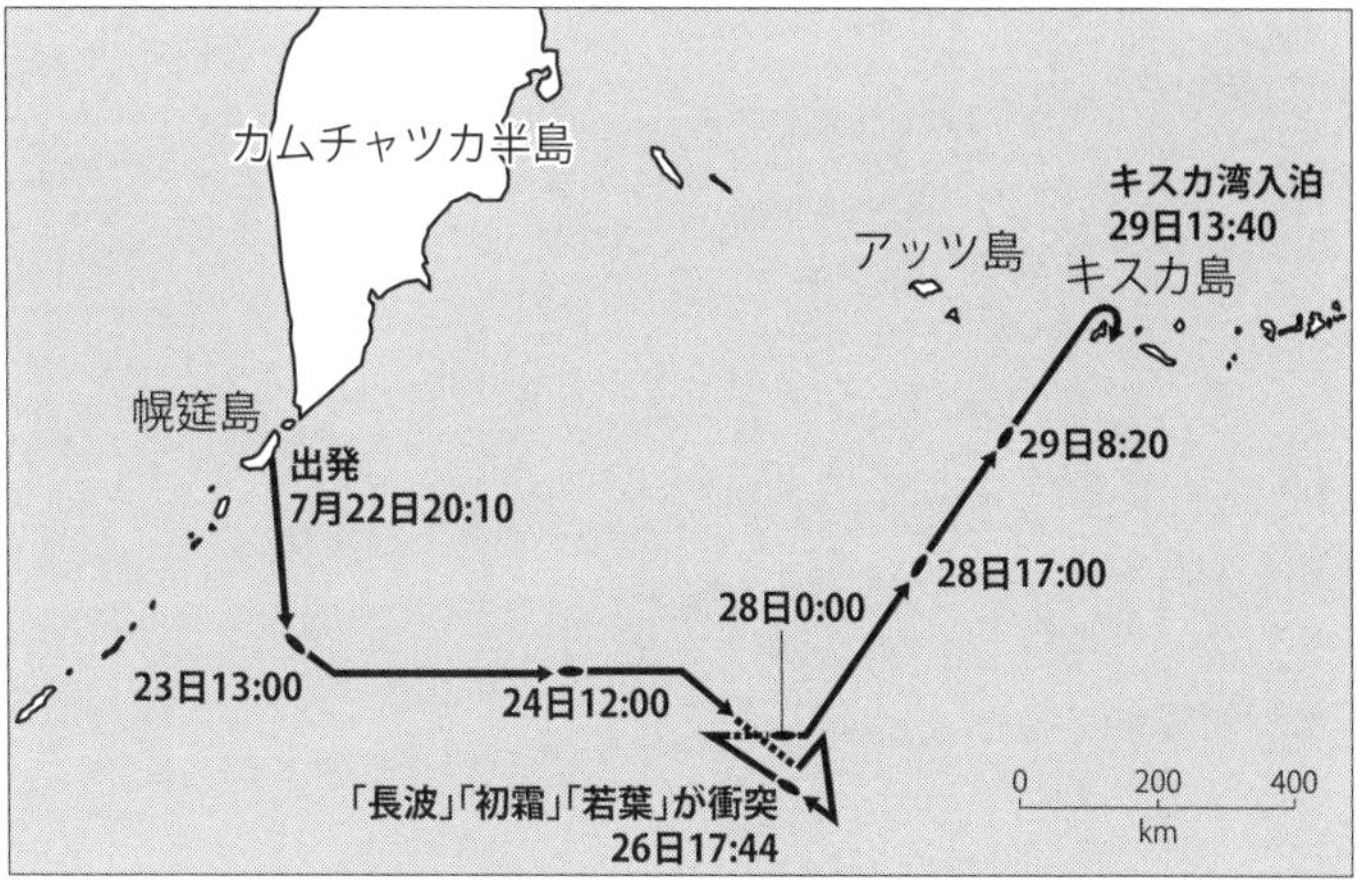

図3：撤収艦隊の航路（昭和18年《1943年》時点）

菊の御紋章のついた三八式歩兵銃を放棄することに抵抗したが、木村昌福はほかの戦場を例に挙げ、

「ガダルカナル島撤退のとき、三八式歩兵銃を携行したため出港が遅れた。もしアメリカ艦隊と海戦になったとき、狭い艦内に三八式歩兵銃が散在しては戦闘の邪魔である」

と主張し、三八式歩兵銃を海中に投棄させた。このことも収容時間の短縮に寄与した。

作戦計画ではキスカ湾内での在泊時間は一時間三十分を予定していたが、五十五分という短時間で守備隊全員を迅速に収容し、撤収艦隊は午後二時三十五分にキスカ湾を離脱、増速しつつ帰投航路へ入った。すると離脱直後から周辺海域は再び深い霧に包まれ、空襲圏外まで無事に航行することができた。

海軍の戦闘詳報によれば、各艦の収容人数は「阿武隈」千二百二人、「木曾」千百八十九人、「夕雲」四百七十九人、「風雲」四百七十八人、「秋雲」四百六十三人、「朝雲」四百七十六人、「薄雲」四百七十八人、「響」四百十八名、合計五千百八十三人であった。

その日の夕刻、撤収艦隊は浮上航行中のアメリカ潜水艦と近距離でばったり遭遇したが、前述のとおり、撤収艦隊は各艦とも偽装工作を行っていたので、アメリカ潜水艦は撤収艦隊をアメリカ艦隊と誤認し、何事もないように通りすぎていった。

撤収艦隊は八月一日までに幌筵島に全艦無事に帰投した。

キスカ島残留将兵を無傷で撤収させたこの作戦は「キスカの奇跡」とよばれている。

じつは、濃霧のなか「長波」「初霜」「若葉」が衝突し撤収艦隊がもたついた七月二十六日、キスカ島周辺海域で網を張っていた戦艦「ミシシッピー」のレーダーがエコーを捕捉した。そこで戦艦「ミシシッピー」「ニューメキシコ」、巡洋艦四隻から駆逐艦に至るまで全艦が全弾を撃ち込むレーダー射撃を行い、三十六センチ砲弾百二十三発、二十センチ砲弾四百八発など千九百七十二発をブチ込むとレーダーのエコー反応は消失した。アメリカ艦隊は、

「レーダー射撃は、濃霧の無視界状態でも有効だぞ」

と勝ち誇り、霧の晴れるのを待って周囲を観望すると日本艦隊の姿は見えなかった。そこで日本艦隊の撃滅を確信し、七月二十八日、弾薬補給のためすべての艦隊を引き揚げた。

しかしこのときアメリカ艦隊が粉砕し撃沈したのは、キスカ島近辺の岩礁だったのである。

アメリカ軍の上陸

補給を終えたアメリカ艦隊は、七月三十日以降、キスカ島の海上封鎖と艦砲射撃を再開した。このときアメリカ軍は、キスカ島守備隊がすでに撤退していることを知らなかった。アメリカ軍は充分な艦砲射撃と空爆を行ったうえ、八月十五日、アメリカ艦艇百隻余を動員し、兵力約三万四千人がキスカ島へ上陸した。

濃霧のなかいっせいに上陸したアメリカ軍は、すでに存在しない日本軍兵士との戦闘に備えて極度に緊張していたため、霧による視界不良のなかでの偶発的遭遇により、各所で同士討ちが発生した。アメリカ軍は戦死者二十二人・負傷者百七十四人を出して、キスカ島攻略を完了した。

アメリカ軍が島内を巡視すると、兵舎前に「ペスト患者収容所」と書かれた立看板があった。通訳官がこれを翻訳すると上陸部隊は一時パニック状態に陥り、アメリカ本国に大量のペスト用ワクチンを緊急発注した。この「ペスト患者収容所」という立看板は、アメリカ軍を攪乱させるための日本軍による偽装工作――というより、悪戯《いたずら》だったであろう。

実戦派提督・木村昌福

木村昌福は県立静岡中学（現・県立静岡高校）を経て海軍兵学校第四十一期に入校し、卒業時の席次は百十八人中百七番だった。同期生に草鹿《くさか》龍之介《りゅうのすけ》（のちに中将。連合艦隊参謀長）、大田実《おおたみのる》、市丸利之助《いちまるりのすけ》らがいる。日本海軍の人事ではハンモックナンバー（海軍兵学校の成績）といって海軍兵学校の成績が重視され、さらに海軍大学を出た者が優先された。

しかし木村昌福は、ハンモックナンバーがビリに近い下位で、海軍大学も出ていない。木村も一応は海大の受験を志し、ほかの同期生らとともに草鹿龍之介の官舎に泊り込んで受験勉強をしてみたが、身が入らず、同期の受験生のため夜食のうどんをつくったりする気のいい男だった。

木村昌福は「水雷屋」としての道を選び、ふりだしは廃船寸前の水雷艇「鷗《かもめ》」の艇長だった。「鷗」は一五二トンの小艇（全長四十五メートル、全幅五メートル、石炭火力）だから、激浪《げきろう》に揺れるだけでなく、艇長といえども雑用をこなさねばならない、乗員三十人が一致協力しない限り生還のおぼつかない家族的な小艦艇である。木村はこののち掃海艇「夕暮《ゆうぐれ》」「如月《きさらぎ》」の艇長を経て、駆逐艦「槇《まき》」の艦長となった。

駆逐艦の乗組員は自分たちのことを「車曳《くるまひ》き（大八車《だいはちぐるま》の車夫のこと）」と自嘲した。駆逐艦は、海戦となれば犠牲をいとわず敵艦隊の内懐へ飛び込み、魚雷発射と砲撃により一撃必殺を目指す艦である。しかし船体はブリキのように薄い鋼板で、防御とは程遠い。駆逐艦は味方艦隊の先になりあとになって走り回り、戦闘のみならず人員・物資の輸送から沈没した味方艦の溺者救助まで、大八車の車夫のようにこき使われる、という意味である。

木村昌福はこののち駆逐艦「朝凪《あさなぎ》」「追風《おいて》」「萩《はぎ》」「帆風《ほかぜ》」の艦長を歴任したのち、砲艦「堅田《かたた》」「熱海《あたみ》」の艦長、駆逐艦「朝霧《あさぎり》」艦長を経て、昭和十年（一九三五年）十一月に第十六駆逐隊司令に任じられ、部隊指揮官となり、さらに第二十一駆逐隊司令、第八駆逐隊司令を務めた。

こののち水上機母艦「香久丸《かぐまる》」艦長、運送艦「知床《しれとこ》」艦長、軽巡洋艦「神通《じんつう》」艦長、重巡洋艦「鈴谷《すずや》」艦長を務めて、昭和十七年十一月に海軍少将となる。

艦隊勤務一筋の木村昌福は、勇猛果敢なうえ豪放磊落《ごうほうらいらく》な性格で知られ、日本海軍の多くの作戦に参加した実戦派提督であった。

部下思いの仁将

木村昌福は昭和十八年（一九四三年）三月三日のビスマルク海海戦に第三水雷戦隊司令官として参加した。艦橋で指揮しているとき、敵攻撃機の機銃掃射を受け左腿《もも》、右肩、左腹部を銃弾が貫通したが、最後まで指揮をとった。このとき信号員がとっさに「指揮官、重傷」の信号旗を揚げると、「陸兵さんが心配する」と言って下げさせ、「只今の信号は誤りなり」と訂正させたというエピソードを残している。

ビスマルク海海戦とは、昭和十八年二月にガダルカナル島から撤退した日本軍が、ニューギニア島での挽回を企図したとき、同年三月三日にアメリカ航空隊とぶつかった海戦である。安達二十三《あだちはたぞう》中将を含む陸兵約七千名を日本軍輸送船八隻に乗せて駆逐艦八隻が護衛し、ニューブリテン島ラバウルからニューギニア島ラエへ航行中、ダンピール海峡でアメリカ航空隊の攻撃を受け、日本輸送船は八隻すべて沈没、乗船将兵約三千人が戦死し、「ダンピールの悲劇」とよばれている。このとき木村昌福は輸送船を守ることはできず、駆逐艦四隻が沈没する苦渋を味わった。

また木村昌福は、太平洋戦争末期の昭和十九年十二月、ミンドロ島沖海戦（礼号《れいごう》作戦ともいう）に艦隊司令官として参加した。

アメリカ軍は、同年十月二十日にフィリピンのレイテ島へ上陸し、日本軍と激戦中の十二月十五日、さらにフィリピンのミンドロ島サンホセに上陸し飛行場を建設した。礼号作戦とは、日本海軍の水上艦艇が、制空権・制海権ともアメリカ軍が保持するなか、夜間、ミンドロ島のサンホセ泊地へ突入し、アメリカ艦船とアメリカ軍飛行場を一時間にわたり砲撃したうえ引き返すという、無謀な「殴り込み作戦」である。しかしいかに無謀とはいえ、命令が下れば従うしかない。

艦艇八隻（重巡洋艦「足柄《あしがら》」、軽巡洋艦「大淀《おおよど》」、駆逐艦「霞《かすみ》」「清霜《きよしも》」「朝霜《あさしも》」「榧《かや》」「杉《すぎ》」「樫《かし》」）をあたえられた第二水雷戦隊司令官・木村昌福少将は、旗艦に駆逐艦「霞」を選んだ。

指揮官が座乗する旗艦は一番大きく砲撃力も強く防護鋼板も厚い重巡洋艦「足柄」（二十・三センチ連装砲五基）を選ぶのが常識である。しかし木村昌福が駆逐艦「霞」（十二・七センチ連装砲三基）を選んだ理由は、

「今回の無謀な作戦は生還を期しがたい。どうせ死ぬなら、自分を育ててくれた駆逐艦に乗って、犠牲をいとわず存分に走り回って敵艦に一撃必殺の魚雷を放ち、沈没艦があれば溺者救助など『車曳き』の運命を甘受して土性骨《どしょうぼね》を見せ、水雷屋として駆逐艦とともに死

のう」

という、納得のいく戦死を覚悟した木村昌福の美学だったのであろう。

木村艦隊は、

「落伍した艦は見捨て、艦隊は前進する」

と申し合わせて出撃。サンホセ突入目前の十二月二十六日午後八時四十五分、駆逐艦「清霜」が敵水雷艇の魚雷攻撃をうけ、沈みはじめた。このとき木村司令官はかたわらの幕僚に、

「『清霜』の位置を確認しておけ」

と命じた。「任務を果たしたあとに救助に行く」という意味である。

そののち敵水雷艇をかわしつつ前進した木村艦隊は、午後十時五十二分、敵輸送船一隻を沈め、サンホセの陸上へ艦砲射撃を行って敵飛行場施設を損傷させ、飛行機約三十機を破壊し、物資集積場を破壊・炎上させ作戦目的を達成すると、戦場から離脱し退避した。

このとき木村司令官は「各艦は合同して避退せよ」と命じて残余の艦艇を安全地帯へ帰したうえ、駆逐艦「朝霜」のみを従えて「清霜」の沈没現場へ向かい、溺者救助にあたった。

木村昌福は、いつ敵襲があるか知れない危険な海域にとどまり、機関を停止し短艇を下

ろして救出活動を敢行。みずから双眼鏡をのぞき、一時間二十分かけて海上に漂流している将兵二百五十八名を救助した。このとき木村は、撤退を勧める周囲の意見具申に対し、「まだ撤退しない。まだ見落としてはいないか」と海上に浮かんでいる生存者を徹底的に探索するよう厳命している。

部下将兵を大切にした木村昌福は部下からの信頼が厚く、「仁将」と評された。

木村昌福は勇猛果敢な猛将だったが、戦闘力を喪失した者に対する博愛は味方だけでなく敵へも向かった。セイロン沖海戦（昭和十七年〈一九四二年〉四月五日〜四月九日）におけるインド洋北東部のベンガル湾の通商破壊戦において、敵の輸送船を撃沈する際、木村は敵の乗員を退去させてから輸送船を沈める人道的配慮を見せたのである。

日本海軍は、イギリス海軍のインド洋からカルカッタへ至る通商補給路を破断して、日本陸軍のビルマ（現・ミャンマー）進攻を支援するため、重巡部隊による通商破壊作戦を行い、四月六日にベンガル湾で商船二十一隻を撃沈した。

このとき木村昌福が乗る重巡洋艦「鈴谷」は、六日午前九時四十分、敵輸送船六隻を発見し、すべてを撃沈する。砲撃を受けた敵輸送船からボートがおろされ、「鈴谷」の機銃指揮官が射撃する態勢をとったとき、木村昌福は艦橋から身を乗り出して、

「撃っちゃあいかんぞォーッ！」

と大声で制止した。そしてボートが輸送船から安全な位置まで離れたあと、輸送船を砲撃して撃沈した。このことについて、水雷長の二ノ方《にのかた》兼文《かねふみ》（海軍兵学校五十九期）は、

「木村艦長の、非戦闘員に対する配慮に深く敬服した」

と述べている。木村が敵味方を問わず常に人命を尊重したことについては、戦後になってから、敵であったアメリカ海軍関係者や軍事研究家から高い評価を受けるようになった。


キスカ島撤退の成功は、現場に精通し、沈着冷静で的確な指揮を部下から信頼された木村昌福の、部下思いのうえ、敵味方を問わず人命を尊重する生き様の結果だったであろう。


戦後、キスカ島撤退作戦に参加し、また救出された残留将兵らは、

「この作戦の成功はアッツ島の英霊の加護があったと思った」

「（生還できたのは）天佑神助《てんゆうしんじょ》としか思えなかった」

と口々に述べている。


成功は、アメリカ軍がキスカ島の包囲を解いた偶然が重なったことも事実である。

しかし偶然という幸運の女神は、いかなる困難のなかでも希望を捨てず、普段の努力と準備を怠らぬ勤勉なる者の前にのみ、現れるのである。

第二章　シンガポール攻略戦の勝因

「ひたすら走る」作戦で弱点をカバー

◉あらまし◉

真珠湾攻撃（昭和十六年〔一九四一年〕十二月八日）で太平洋戦争の火ぶたが切られるのとほぼ同時に、マレー・シンガポール攻略戦などの南方作戦が実施された。その目的は、これらの地域から英米勢力を一掃し、ジャワ、スマトラ、ボルネオ、マレーなどにある重要資源を確保することであった。

日本海軍とイギリス海軍によってマレー沖の制海権の争奪が争われ、真珠湾攻撃二日後の十二月十日のマレー沖海戦で、日本海軍航空隊がイギリス戦艦二隻を撃沈して制海権を奪った。こののち陸軍部隊がマレー半島の東岸に上陸し、約一千キロを走破して北方からシンガポール要塞を攻撃した。

シンガポールの戦いは翌年二月八日〜二月十五日に行われ、日本陸軍第二十五軍が二倍を超える兵力差を覆して、難攻不落と謳われたシンガポール要塞を十日足らずで攻略。兵力や戦車の装甲が弱点であった日本軍の勝因は、撃たれる前に走り抜けるという「スピード」だった。こうしてイギリス軍は、歴史上の大敗北を喫した。

マレー沖海戦の戦略的意義

昭和十六年（一九四一年）十二月、日本陸軍はマレー半島（当時、南部はイギリスが植民地支配する英領マレー）の東岸へ上陸して南下し、シンガポールを攻略せんとした。これは、マレー・シンガポールを支配する英米勢力を一掃し、ゴムや石油などの資源を得る必要があったからである。

この作戦を遂行するにあたり、まず問題となるのが、陸軍将兵の上陸地点である。陸軍将兵の南下距離を短くするにはシンガポールに近いほうが有利だが、シンガポールに近い海域ほどイギリス艦艇および航空機の警戒が厳しく危険度が高い。陸軍将兵を満載する鈍足・無防備の輸送船は、シンガポールから遠く離れたタイの領海付近を航行したほうが安全だが、上陸後の陸軍の南下行動に時間とエネルギーを消耗するだけでなく、イギリス陸軍の防衛強化に時間的余裕をあたえる。この兼ね合いが難しい。

こういうせめぎあいのなかで、「マレー沖海戦」が行われたのである。すなわちマレー沖海戦とは、シンガポール攻略を目指す日本陸軍の上陸の安全を確保するために行われた、イギリス海軍との制海権の争奪である。

世界最強のイギリス戦艦と脆弱な日本軍艦

イギリスはシンガポール防衛のため最新鋭戦艦「プリンス・オブ・ウェールズ」（三六〇〇〇トン）を送り、イギリス東洋艦隊司令長官フィリップス大将が座乗して十二月二日にシンガポールに到着した。「プリンス・オブ・ウェールズ」は三十六センチ砲十門を装備し、イギリスのチャーチル首相はこれを世界最強の戦艦と豪語していた。

十二月四日早朝、日本陸軍第二十五軍の将兵は輸送船二十隻に乗って根拠地の海南島《かいなんとう》を出航した。護衛は南遣《なんけん》艦隊（司令官・小沢治三郎《おざわじさぶろう》中将）の重巡洋艦「鳥海《ちょうかい》」「熊野《くまの》」「鈴谷」「三隈《みくま》」「最上《もがみ》」、軽巡洋艦「川内《せんだい》」、駆逐艦十四隻である。

輸送船団を護衛した南遣艦隊の重巡洋艦「鳥海」（一三〇〇〇トン）の装備は、最大射程距離二十キロメートルの二十センチ砲十門。「プリンス・オブ・ウェールズ」の三十六センチ砲の最大射程距離は三十五キロメートル。つまり、距離二十キロ～三十五キロで砲撃戦を行えば、「鳥海」は砲弾が敵戦艦に届かず、逆に敵戦艦の砲弾に撃ちのめされることになる。

さらに「鳥海」の装甲十三センチは、戦艦「プリンス・オブ・ウェールズ」の装甲三十八センチよりはるかに脆弱《ぜいじゃく》で、戦艦との砲撃戦に勝ち目はない。

夜戦にもちこんで距離を詰めようとしても、「プリンス・オブ・ウェールズ」はレーダーを装備しているからそれもできない。

そこで日本海軍の第二十二航空戦隊（司令官・松永貞市《まつながさだいち》少将）の元山《げんざん》航空隊、美幌《みほろ》航空隊、鹿屋《かのや》航空隊が南部仏印《ふついん》（フランス領インドシナ、現・ベトナム南部付近）のサイゴン飛行場・ツダウム飛行場で待機し、イギリス東洋艦隊を撃滅すべく待ちうけた。


輸送船団を護衛した南遣艦隊は、十二月七日午前十時三十分、シャム湾中央部（G点とよばれた）から日本軍輸送船団をマレー半島の各地へ向け分散して発進させた（**図4**）。

コタバルへ向かった陸軍部隊五千三百人は輸送船三隻に乗り、軽巡洋艦「川内」および駆逐艦四隻に護衛され、十二月八日午前一時三十分に上陸した。

シンゴラとパタニに向かった陸軍部隊約二万五千人は、輸送船十六隻に乗り、駆逐艦六隻に護衛され、八日午前三〜四時頃に上陸した。

小沢治三郎中将の南遣艦隊は、輸送船団の護衛の任務を終えると足早に引き揚げた。

一方、イギリス艦隊フィリップス大将は、シンガポールに到着して四日後の十二月六日、「オーストラリア軍機と英軍機が日本軍の大輸送船団を発見した」

との報告を受けた。そこで重巡洋艦主力の日本艦隊を撃破して輸送船団を撃沈すべく、

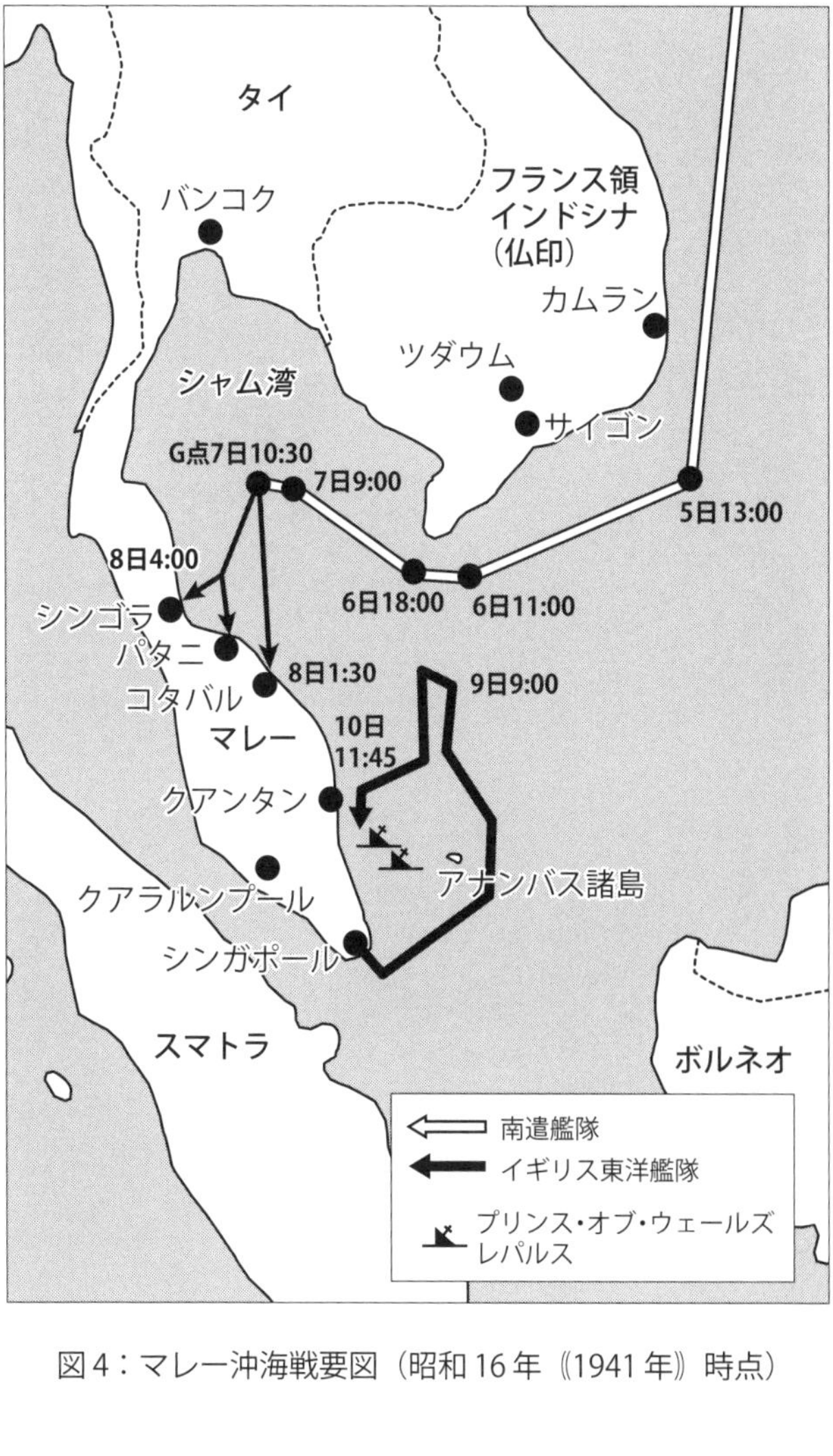

図4：マレー沖海戦要図（昭和16年《1941年》時点）

八日午後六時五十五分、「プリンス・オブ・ウェールズ」「レパルス」を率いてシンガポールから出撃。九日午前九時頃にアナンバス諸島の北方海域に達し、

「十日早朝にコタバル沖、シンゴラ沖へ進出して日本船団を攻撃しよう」

としたが、日本輸送船団も南遣艦隊も発見することはできなかった。

「プリンス・オブ・ウェールズ」「レパルス」の沈没

サイゴンで待機していた第二十二航空戦隊の松永貞市司令官は、哨戒に当たっていた潜水艦「伊六五」から十二月九日午後三時十五分に、

「レパルス型戦艦二隻見ユ」

との第一報を受けた。そこで十日午前六時二十五分、元山航空隊の九六式陸攻九機を索敵に発進させ、さらに各飛行場から攻撃隊を出撃させ、索敵機からの報告があれば攻撃隊が直ちに攻撃に入ることと決定した。


午前七時五十五分、元山航空隊の九六式陸攻二十六機（魚雷装備十七機、爆弾装備九機）がサイゴン飛行場から出撃。八時十四分にはツダウム飛行場から鹿屋航空隊の一式陸攻二十六機（全機雷装）が、八時二十分にはツダウム飛行場から美幌航空隊の九六式陸攻三十三機（雷装八機、爆装二十五機）が出撃した。

索敵にあたっていた元山航空隊の帆足正音《ほあしまさと》少尉機が午前十一時四十五分にイギリス艦隊を発見し、接触を続けながら、二十分間に左記の電文三本を司令部に打電した。

「敵主力見ユ。一一四五」「敵主力ハ変針ス。一一五〇」「敵主力ハ、キング型、レパルス。一二〇五」

松永司令官はすぐさま各攻撃隊に電文を転送し、各攻撃隊はイギリス艦隊に殺到した。最初にイギリス艦隊上空に到達した美幌航空隊の九六式陸攻八機が、十二時四十五分、激しい対空砲火のなか隊列を崩さず水平爆撃を行い、「レパルス」に二百五十キロ爆弾一発を命中させた。これを見たフィッリプス大将は、

「本国を出るとき航空隊司令官から『日本の飛行機は旧式で爆弾も魚雷も当たらない』とレクチャーを受けたが、ジャップ（日本人を指す蔑称）の爆弾は当たるではないか」

と驚いた。さらに元山航空隊の九六式陸攻十七機が「プリンス・オブ・ウェールズ」に魚雷二本を、美幌航空隊の九六式陸攻八機が「レパルス」に魚雷三本を命中させた。

戦闘開始から約一時間経過した午後一時四十八分、遅れて到着した鹿屋航空隊の一式陸攻二十六機が積雲の切れ間からイギリス艦隊を発見し「プリンス・オブ・ウェールズ」に魚雷五本を、「レパルス」に魚雷七本を命中させると、「レパルス」は十四時〇三分に沈没。

さらに美幌航空隊の九六式陸攻八機が上空に到達して水平爆撃を行い、二発が命中する

と、「プリンス・オブ・ウェールズ」は午後二時五十分に大爆発を起こして沈没し、フィリップス大将は艦と運命をともにした。こうしてイギリスはマレー沖の制海権を失った。マレー沖海戦は航行中の戦艦を航空機だけで撃沈した世界初の海戦であり、新鋭戦艦といえども航空機の攻撃を受ければ、なすすべもなく沈没してしまうことが明らかとなった。

陸軍第二十五軍、上陸地を制圧

マレー半島東岸に上陸した陸軍第二十五軍（軍司令官・山下奉文《やましたともゆき》中将）には、第五師団（師団長・松井太久郎《まついたくろう》中将）、第十八師団（師団長・牟田口廉也《むたぐちれんや》中将）、近衛師団（師団長・西村琢磨《にしむらたくま》中将）に戦車連隊、独立工兵連隊などが付帯されていた。

十二月八日、イギリス領マレーのコタバルへ到着した佗美浩《たくみひろし》少将率いる佗美支隊（第十八師団の先遣隊。第五十六連隊を基幹）五千三百人は、午前一時三十分から上陸を開始したが、飛来したイギリス軍機に爆撃され、輸送船淡路山丸《あわじさんまる》が沈没した。佗美支隊は水際に設置された鉄条網とトーチカ（コンクリート製防御陣地のこと）に苦戦しつつ上陸し、八百余人の死傷者を出しながらイギリス軍約六千人の激しい反撃を撃退。海岸から二キロ内陸のコタバル飛行場を八日深夜に占領し、九日午後二時頃にコタバル市街を占領した（**図5**）。

第五師団主力
タイ
シンガポラ
安藤支隊
パタニ
佗美支隊
ジットラ・
ライン
コタバル
南シナ海
ペナン
ペラク河
タイピン
マレー
カンパル
ドラロク
スリム
クワンタン
クアラルンプール
マラッカ海峡
ゲマス
国境
ジットラ・ライン
(野戦陣地)
ジョホール
バル
0
200km
シンガポール島
ジョホール海峡

図５：マレー攻略戦全図

こののち佗美支隊は第十八師団の先導部隊としてイギリス軍を追撃しながらマレー半島の東岸を南下して進撃。翌年昭和十七年（一九四二年）一月二十二日に約一ヵ月遅れてコタバルへ上陸する第十八師団主力を、無傷でマレー半島南端まで送り届ける。

マレーとの国境に近いタイ領のパタニへは、安藤忠雄《あんどうただお》大佐率いる安藤支隊（第五師団の第四十二連隊を基幹）約七千二百人が八日午前三時に上陸した。タイ軍は反撃ののち降伏したので、夕刻までにパタニ飛行場を占領した。

同じくタイ領にあるシンゴラへは、八日午前四時十二分、第五師団主力が第二十五軍の先遣兵団として無血上陸し、イギリス領事館を占領。シンゴラ港に上陸根拠地と水上基地を設営し、戦車を揚陸した。第二十五軍司令官・山下奉文中将は午前五時三十分にシンゴラに上陸して同日中にタイ政府から日本軍通過の許可を受け、戦闘司令所を開設した。

スピード最優先でジットラ・ラインを突破

シンゴラに上陸した第五師団主力は、タイ領を西南へ進み、マレー半島西岸から南下し、タイ・マレー国境を越えてイギリス領マレーへ入りマレー半島南端へ進出することとした。

先頭を進んだのは第五師団の捜索第五連隊長・佐伯静夫《さえきしずお》中佐が率いる佐伯支隊（捜索連隊を基幹とし歩兵を加えた突進部隊）である。捜索連隊とはかつての騎兵を装甲車・トラック部隊へ組みかえたもので、俊足を生かして敵中へ突入したり偵察などを行ったりする役割を担い、俊敏・軽快を特徴とする。

佐伯支隊は戦車第一連隊の第三中隊（中隊長・山根《やまね》中尉。略称「山根戦車隊」）、山砲一個中隊、工兵一個小隊をあたえられて「佐伯挺身《ていしん》隊」（戦車十二台、兵六百名）という機甲部隊となって進撃。十二月十日午前四時三十分にタイ・マレー国境を越えてイギリス領マレーへ入った（**55ページ図5**）。

イギリス領マレーへ入ると各所でイギリス軍の激しい抵抗を受けたが、佐伯挺身隊は山根戦車隊の戦車（九七式中戦車十輌、九五式軽戦車二輌）を先頭に、国境から約三十八キロ先の「ジットラ・ライン」を目指して急進した。

ジットラ・ラインとは、イギリス軍が北方からの侵攻を防ぐため構築した、二十二キロに及ぶ縦深陣地である。トーチカと鉄条網が三段に張りめぐらされ、地雷が敷設され、イギリス軍六千人が戦車九十輌・大砲六十門・機関銃百梃の兵力で守り、

「日本軍の進撃を、少なくとも三ヵ月は阻止できる」

と豪語する堅牢な野戦陣地だった。

マレー半島の地勢は、半島の中央に山脈がはしる未踏のジャングルで、東西両岸の近くに密林を切り開いた一本道があり、道の左右は密林またはゴム林だった。そこでイギリス

軍は、ドラム缶にコンクリートを流し込んだ円筒形の対戦車障害物を道路上に積み上げ、左右の林間に対戦車砲を据えて照準を合わせておき、侵攻してきた敵の戦車が立ち止まったところを撃つ手筈《てはず》にしていた。このようにマレー半島は、攻めるに難しく、守るにたやすい地形であり、その集大成がジットラ・ラインだったのである。

佐伯挺身隊は山根戦車隊と装甲車を先頭に立て、歩兵はトラックに乗り、トラックに乗れない者は自転車に乗って（銀輪《ぎんりん》部隊とよばれた）南下し、ジットラ・ラインを目指した。通れる道はジャングルの間に開削されたただ一本の道で、そこにはコンクリート詰めドラム缶の対戦車障害物が道を阻み、左右の林間から対戦車砲が照準を合わせて狙っている。進撃地域は狭小であるので、歩兵の横への展開は困難であり、歩兵は後方から縦隊でついていくほかなかった。つまり戦車隊は歩兵の支援を受けることができないため、戦車による突破には相当の困難が予想された。先頭に立つ戦車隊は、敵の対戦車砲の槍衾《やりぶすま》のなかを突進するのだから、危険に耐える勇気と行動の敏速が求められた。

戦車隊は、止まれば左右の林間から撃ち込んでくる敵の対戦車砲の餌食となるため、走りに走った。敵の対戦車砲の前を、撃つ時間をあたえないくらいの速さで走って、通り過ぎてしまうしかないのである。

マレー半島西岸を南下する佐伯挺身隊の先頭を行く山根戦車隊は、突進、突進、また突

進。逃げ遅れた敵兵集団に遭遇しても、掃討する時間を惜しんで、

「どけッ！　どけッ！　邪魔するなッ！　道を開けろッ！」

と無視して進んだ。イギリス軍は敗残兵の退路を確保するため橋を爆破できないので、山根戦車隊はどんどん橋を渡り、次々と敗残兵を追い越し、十一日夕刻にジットラ・ラインの前面へ進出した。

そしてジットラ・ラインの前面に陣取り、あとから続々と追いついてくる佐伯挺身隊の歩兵の集結を待って態勢をととのえ、十二月十二日夜からジットラ・ラインのイギリス軍に夜襲総攻撃をしかけることとした。するとイギリス軍は、あまりに早い日本軍の出現に恐慌をきたし、十二日午後六時頃、算を乱して全面的に退却していった。

ペラク河の渡河

山下中将は、ジットラ・ラインを突破したのち、マレー半島西岸における最大の大河であるペラク河の鉄橋を無傷で確保して通過することを目指した。ペラク河は河幅二百メートル、流速三〜四メートルの濁流であり、鉄橋の高さは十二メートルである。

そこで佐伯挺身隊の先頭を走った山根戦車隊は、ペラク河目前のタイピンまで進撃した。

この頃、パタニへ上陸した第五師団の安藤支隊が南西方向へ進撃し、ペラク河の手前に

至った。そしてジットラ・ラインを越えて進撃してきた第五師団主力とタイピンで合流した（55ページ図5）。

近衛師団は、開戦時はインドシナおよびタイにいたのだが、いざ開戦となると鉄道を利用し、陸路、十二月二十三日にペラク河端へ進出してきた。

しかしイギリス軍は、日本軍戦車がペラク河を渡れないよう、鉄橋を爆破してしまった。

そこで第五師団と近衛師団の歩兵が並行して、ペラク河を渡河することとなった。

第五師団は、先遣隊が敵の砲火のもと十二月二十六日夜から渡河を開始し、二十七日には主力が渡河を終えた。近衛師団は十二月二十六日に渡河した。渡河後、第五師団が敗走するイギリス軍を追撃し、近衛師団は第五師団の支援部隊として行動するようになった。

イギリス軍により爆破されたペラク河の鉄橋

島田戦車隊の猛進

第五師団は、渡河後、イギリス軍を追撃して南進を続けたが、十二月三十日から始まった「カンパルの戦い」で激しく抵抗するイギリス軍第十一師団と激戦になり、前進できなくなった。イギリス軍は丘陵に三十数門の大砲を備えた堅固な陣をしき、日本歩兵の突撃は幾度も撃退されたのである。そこで第五師団は、四日目、年明けて昭和十七年（一九四二年）一月二日の夜、これまでの戦闘で疲弊した第一線部隊に代えて、安藤支隊を主戦力とした。

安藤支隊は、第五師団の安藤忠雄大佐率いる支隊で、パタニへ上陸して進んできたが、いまだ無傷で新鋭であった。安藤支隊の先鋒には島田《しまだ》豊作《とよさく》少佐率いる戦車第六連隊第四中隊（略称「島田戦車隊」）を配した。島田戦車隊が二日夜十二時頃にカンパル市街へ突入すると、イギリス軍は戦力の約半分を喪失し、退却に転じた。

イギリス公刊戦史は、このことについて、

「パーシバル中将は、カンパルへ来援する増援兵力の到着を可能にするため、カンパル守備にあたるイギリス第十一師団に退却しないよう要求した。しかし第十一師団は、日本軍に背後を断たれる危険を感じて退却し、崩壊してしまった」

と述べている。

カンパルを攻略して進撃した安藤支隊と島田戦車隊は、一月六日午後五時三十分、トラロク集落の手前六キロ地点にて、

「トラロクへ向けて、島田戦車隊は本六日深夜に出発。安藤支隊は明日七日払暁《ふつぎょう》に出発」することとした。

そして六日午後十一時三十分、鎌のような細い月がうっすらと暗黒の大地を照らすなか、工兵がコンクリート製の対戦車障害物ににじり寄り、爆破。これを機に島田戦車隊（九七式中戦車十二輌、九五式軽戦車三輌）は、夜間進軍を開始した。イギリス軍の前哨部隊を撃破しつつ、七日午前三時頃、トラロク集落の手前二キロ地点に到達し、道路から約三百メートル離れた台地でエンジンを停止し、残月が山陰《やまかげ》に隠れた暗闇にとけこんで仮眠した。

島田戦車隊は七日朝六時に出発し、イギリス兵を目覚めさせぬよう低速で静かに進み、トラロク集落に到達した。トラロク集落はスリムの街とつながっており、両者はジャングルの間を流れるスリム河の河岸段丘を走るスリム街道に沿って開けた、細長い街道の町である。

トラロク集落とスリムの街は、イギリス第十二師団が駐屯する基地の街でもあり、北から順に第一線兵団、第二線兵団、砲兵連隊が布陣していた。スリムの街の南端には、湾曲

するスリム河に架かるスリム橋があった。街道筋の見晴らしのよい高台にはイギリス人高級将校の住む瀟洒《しょうしゃ》な洋館が並び、イギリス軍の司令部が置かれ、河に近い低地にはマレー人の草ぶきの家が密集していた。そして街道筋の各所に多くのイギリス兵がテントを張って駐屯していた。

島田戦車隊がトラロク集落へ入ったとき、トラロク集落はまだ眠りから目覚めていなかった。そこで島田戦車隊は最初は静かに控えめに、途中からは戦車砲と機関銃を乱射して脱兎のごとく爆走し、トラロク集落に駐屯するイギリス第十二師団の第一線兵団を突破し、午前八時十五分にトラロク集落を走り抜けた。

しばらく走ってスリムの街へ入ると、退屈そうにあくびをしているイギリス兵や、周囲にまったく無関心で葉巻をくわえながら子犬と戯《たわむ》れているイギリス兵もいた。島田戦車隊が、イギリス第十二師団の第二線兵団が駐屯する街道筋を爆走すると、

「いったい何事が起きたのか？」

とノコノコ出てきて撃たれるイギリス将校あり、逃げる者あり、対戦車砲を引き出して撃とうとする者あり。混乱の極みとなった。島田戦車隊は、イギリス国旗をへんぽんと翻す立派な建物を見つけるや、砲撃して暴風のごとく駆け抜けた。この砲撃でイギリス第十二師団長および幕僚はことごとく戦死し、イギリス第十二師団の指揮機能は崩壊してしま

った。

疾走する島田戦車隊は、次にイギリス軍砲兵部隊・戦車部隊と遭遇した。大砲も戦車も強敵であるが、敵砲兵・敵戦車兵とも油断して配置についていなかったので、島田戦車隊は増速して敵砲兵・敵戦車兵に機関銃を乱射し、蹂躙《じゅうりん》して駆け抜けた。

朝六時から連続運転を続けるエンジンは過熱し、機関室から熱風を吹き上げ、車内温度は四十度を上回っていたが、ただただ走るほかに島田戦車隊の生きる手立てはなかった。

敵中に孤立する島田戦車隊が生き延びる唯一の方途は、スリムの街の南端のスリム橋を渡り切って、戦車隊の向きを後方へ転換し、スリム河を堀に見立てて防戦するしかないのである。島田戦車隊は午後三時三十分頃スリム橋を渡り、ようやく安寧《あんねい》を得た。

島田戦車隊のあとを追撃してきた安藤支隊の歩兵が、スリム街道のイギリス第十二師団を掃討した。この掃討戦は「スリム殲滅《せんめつ》戦」とよばれている。島田戦車隊は、カンパルとスリムで、一匹の蟻《あり》が堤防に細い穴を掘って堤防を決壊させる役割を果たしたのである。

クアラルンプール攻略、ジョホールバルへ進出

第五師団がさらに進撃を続けてクアラルンプールの正面へ迫り、近衛師団がクアラルンプールの背後へまわってイギリス軍の退路をおびやかしたうえ、第五師団が一月十一日午

後八時頃クアラルンプールに突入すると、イギリス軍は抵抗をやめて退却していった。

　クアラルンプールを占領すると、クアラルンプール以南は地形が開けており道路網も発達していたので、第五師団と近衛師団は並んで進撃し、マレー半島南端に位置する都市ジョホールバルへ向けて南下した。ジョホールバルに近づくにつれ、イギリス軍の交通破壊は激しくなってきた。しかし工兵が道路整備を成し遂げたので、第五師団と近衛師団は三十一日までにジョホールバルを占領して、シンガポール攻撃の準備に入った。

　一方、前年昭和十六年（一九四一年）十二月八日にコタバルへ上陸した侘美支隊は、一月二十二日にコタバルへ上陸した第十八師団を先導。侘美支隊と合流した第十八師団はトラック六百輌でマレー半島東岸を進み、無傷で二月三日にジョホールバルへ進出して、シンガポール要塞攻撃の主戦力となる（55ページ図5）。

　第二十五軍は、こうしてシンガポール要塞攻撃の態勢を整えたのである。

難攻不落の大要塞・シンガポール

　イギリス軍は一月三十一日深夜までにジョホールバルを撤退してマレー半島から離れ、ジョホール海峡（幅約一キロメートル）をつなぐ橋を渡ってシンガポール島へ退却し、二月一日午前八時にマレー半島とシンガポール島をつなぐ橋を爆破した。

シンガポール要塞は、十年の歳月と千数百万ポンドの巨費をかけて昭和十三年（一九三八年）二月に完成した東洋一の大要塞で、難攻不落とされていた。

シンガポール島に陣取るパーシバル中将は、兵員十万余人、戦車・装甲車二百台以上をもち、大砲は三十八センチ砲（射程距離二万五千メートル）五門、二十三センチ砲六門、十五センチ砲十六門など、大口径要塞砲をふくむ七百五十門をもっていた。これらの要塞砲は南方海上から攻め寄せる敵国海軍を砲撃すべく配置され、日本陸軍が進攻したマレー半島側を砲撃できないものもあった。イギリス軍が構築したトーチカや鉄条網なども南海岸を中心に配置されていた。

だから山下奉文司令官は、シンガポールを攻略するにあたり、陸軍を使い、裏口のマレー半島側から攻めたのである。

山下奉文の第二十五軍は第五師団、近衛師団、第十八師団からなる約五万人の部隊で、兵員数は連合国軍の約半分だったが、練度・経験・装備の面ではるかに勝っていた。

二月八日朝から日本軍砲兵が猛砲撃を開始すると、砲弾はジョホール海峡を越えて、シンガポール島のイギリス軍砲兵陣地や四ヵ所の飛行場、石油タンク三百余個に命中し、備蓄石油を炎上させた。もうもうたる黒煙が天をおおい、昼なお暗く、黒煙は南風に送られてマレー半島のジョホールバルにまで及んだ。夜になると火炎がシンガポール島の夜空を赤く染め、かつて七つの海を支配した大英帝国の終焉を暗示するようでもあった。

一方、イギリス軍の砲火も激しく、ジョホール海峡を越えてジョホールバル一帯に蜂の巣のような弾痕を残し、建物のみならず椰子《やし》やゴムの木まで根こそぎ薙《な》ぎ倒し、あたりの風景を一変させた。

二月九日午前零時、第一線兵団である第十八師団と第五師団が小舟艇によりジョホール海峡の渡海を開始し、順次、シンガポール島へ上陸した。近衛師団は第二線兵団として後続した。

二月十日夜、第十八師団と第五師団によるブキテマ高地（標高百六十三メートルの丘陵）の攻略が目前となると、勝敗はほぼ決まった。ブキテマ高地はシンガポール島における最高地点であり、軍事的要衝である。イギリス軍の弾薬庫や燃料廠《ねんりょうしょう》が置かれ、弾薬・燃料が備蓄されていただけでなく、シンガポールの水源地でもあった。戦国時代と同様に、水の手を切られ（水源地を奪われること）たら落城必至だ。

小舟艇でジョホール海峡を渡り上陸する日本陸軍将兵

そこで山下司令官は、二月十一日朝、降伏勧告書二十九通を通信筒に入れて飛行機から投下し、パーシバル中将に、

「無意味で絶望的な抵抗を中止するよう」

よびかけた。これに対するイギリス軍側からの返答はなく、イギリス軍は頑強に抵抗した。最前線では彼我の距離が二十メートルに接近し、手榴弾《しゅりゅうだん》を投げあう白兵戦が各所で展開されていた。そこで山下奉文は、二月十五日午後八時を期して銃剣による夜襲総攻撃を断行することとした。

かかるなか二月十五日午後六時頃、イギリス軍陣地に白旗が掲げられた。パーシバルは幕僚三名、通訳一名を伴って、ブキテマ高地の裾にあるフォード自動車工場に午後六時三十分頃、降伏交渉に現れた。

第二十五軍は三月十日の陸軍記念日（日露戦争の奉天《ほうてん》会戦に勝利した日）までにシンガポールを攻略することを目標としていたが、それより二十三日も前に達成する結果となったのである。

パーシバル中将との降伏交渉

パーシバル中将は十万余人の残存兵とともに降伏した。マレー半島で投降した五万人と

あわせれば、イギリス史上最大規模の降伏だった。シンガポールの陥落は、二世紀半におよぶイギリスの東洋支配の象徴が音を立てて崩れ落ちたことを意味するものであった。

パーシバルは山下奉文との降伏交渉において、大敗という事態に気が動転してか、降伏条件について長々と話したが、「降伏する」という結論を後まわしにしてなかなか発しなかった。

山下奉文は「口で言うより手のほうが早い」ともいうべき直情《ちょくじょう》径行《けいこう》の武人である。山下は日露戦争の乃木希典《のぎまれすけ》将軍に憧れていたから、旅順攻略のときの水師営の会見のように、穏やかでカッコいい降伏式にするつもりであった。しかし降伏条件について、パーシバルが言を左右にしてのらりくらり長々としゃべるので、話は要領をえなかった。このとき山下が返答を渋るパーシバルに、

「そもそも降伏するのか、しないのか？　イエスかノーか？」

と迫ったというエピソードが有名になった。

午後七時からの交渉のこの部分は、公刊戦史によれば、左記のようなものである。

山下　　　「このままいくと今夜八時からシンガポールへ夜襲することになる」

パーシバル「待ってもらいたい。武装兵一千名で市内の治安維持を行いたい」

山下　　「イギリス軍は降伏するつもりなのか、どうか」
パーシバル　「停戦したい。武装兵一千名で市内の治安維持を行いたい」
山下　　「夜襲開始の時刻が迫っている。イギリス軍は降伏するのか、しないのか。
　　イエスかノーで答えてもらいたい」
パーシバル　「イエス。なお一千名の武装兵を認めてもらいたい」
山下　　「それは、了解する」

これについては逸話がある。山下奉文は、昭和十八年（一九四三年）二月十一日、シンガポール作戦に参加した将校約二十人を集めて非公式の慰霊祭を行った。僧侶の読経が進み、焼香も終わって懇親の席になり、酔いもまわった頃、九州出身の少佐が歯に衣を着せず、パーシバルが降伏したときのことについて、山下奉文に九州弁で聞いたのである。

「なぜ閣下は、（乃木大将の）水師営のときのように、おとなしゅうされなかっとですか？」

山下奉文は、この質問に対して、

「私はドイツ語が専門で、英語はイエスとノーしか話せない。通訳の話もうまく通ぜず、私自身もイエスとノーという言葉しかもちあわせなかっただけのことだ。ただ当時、緊迫した環境の中で、一刻も早く戦闘を終結に導きたい、そうでないと、さらに多くの血を流すことになる。こういった焦燥感が背景にあって、発言に力が入り、強くなったと思う。これを威圧的だったとか、無作法ととらえられたかもしれない。だが、これは真意でない」(『戦車隊よもやま物語』)

と、苦笑しながら述懐している。

シンガポール、インド独立の導火線に

こののち、セレター軍港やセレター飛行場などのイギリス軍施設はそのまま日本軍に接収され、日本軍によるシンガポール統治が始まった。シンガポールは戦禍に巻き込まれなかったので、軍政は支障なく進められ、官民を問わず多くの日本人がシンガポールへ渡った。シンガポールは昭南島《しょうなんとう》と改名され、日本人向けの食堂や料亭などもつくられた。

シンガポールは、インド独立を目指してイギリスと対峙したチャンドラ・ボースが、インド国民軍を創設する舞台ともなった。

インド国民軍は、インド独立運動家や東南アジア在住インド人や、日本に降伏したイギリス軍のインド人兵士らから志願者を募り、総兵力四万五千人で結成された。そしてチャンドラ・ボースはシンガポールで、昭和十八年七月五日、数万のインド国民軍将兵とイン

ド人大衆を前にインドの武力解放を熱烈に訴えた。その演説は「自由インド」「インド解放」をスローガンに「進め！　デリーへ！」でしめくくられ、インド人たちを熱狂させた。これがインド独立の導火線となっていく。

大英帝国没落の引き金となったシンガポール攻略

イギリスの首相チャーチルは、当初、

「シンガポールは難攻不落である」

と豪語していた。しかしシンガポール陥落という現実に直面すると、

「イギリス軍の歴史上最悪の惨事であり、最大の降伏である」

と落胆した。しかしチャーチルは、日露戦争においてロシアが築いた旅順要塞をおとし（乃木希典大将）、第一次世界大戦においてドイツが築いた青島《チンタオ》要塞をおとし（神尾《かみお》光臣《みつおみ》中将）た日本陸軍が、イギリスのシンガポール要塞をおとせないとでも思ったのだろうか。

シンガポールが陥落してセレター軍港や飛行場などイギリス軍施設が日本軍に接収され、インド洋やオーストラリア方面に展開する日本軍に使用されたことは、イギリスにとって大きな痛手であり、大英帝国という植民地大国から滑りおちる転換点となった。

そもそもシンガポールは、第二次世界大戦におけるアメリカ、イギリス、オランダ、オ

ーストラリア連合軍の合同司令部（ＡＢＤＡ司令部とよばれた）が置かれた、インド洋と太平洋の結節点だった。すなわちシンガポールは、海の地政学上、インド洋と太平洋の制海権を支配する重要地点であり、イギリスとオーストラリアを結ぶチョークポイント（海の地政学における専門用語。シーパワー＝海軍力を制する要衝のこと）であるから、「東洋のジブラルタル（イベリア半島とアフリカ大陸の間にあるジブラルタル海峡。大西洋と地中海を結ぶチョークポイントの代表例）」とよばれていた。だから、「シンガポールを支配する者がインド洋と太平洋を支配する」といっても過言ではないのである。

イギリス海軍はこののち、シンガポールに拠点を置いた日本海軍に敗北を続け、「セイロン沖海戦（昭和十七年《一九四二年》四月五日～四月九日）」で日本海軍に空母「ハーミーズ」、重巡洋艦「コーンウォール」「ドーセットシャー」、駆逐艦二隻を撃沈される大敗を喫してインド洋の制海権を奪われ、インドやオーストラリアからの軍事物資の調達などに困難をきたすようになる。

さらに同年五月三十一日、日本海軍が長駆して、アフリカ大陸の東岸沖に浮かぶマダガスカル島北端の軍港、ディエゴ・スアレス（現・アンツィラナナ）を攻撃する「マダガスカルの戦い」が行われる。伊一六と伊二〇が魚雷攻撃で戦艦「ラミリーズ」を大破、油槽船「ブリティッシュ・ロイヤルティ」を撃沈したため、アフリカ大陸の人々のイギリスに対する畏敬の念が崩れ、これがアフリカ諸国独立の端緒となる。

かつてイギリス植民地だったシンガポールは、太平洋戦争で日本が敗北したのち、再びイギリス統治下に入ったが、やがて独立への道を歩んでいく。

シンガポール陥落は、大英帝国没落の序章となったのである。


なぜシンガポール攻略をもって日英停戦としなかったのか

私は子どもの頃、

一、太平洋戦争は、避けることはできなかったのか？
二、避けることができないなら、物量が乏しいにしても、なんとか勝つ方策はなかったのか？
三、もし負けるのなら、早期に降伏して、終盤の犠牲を最小化することはできなかったのか？

を研究テーマとした。

子どもだった私の周囲には、傷痍《しょうい》軍人の方々が少なからずおられた。家に風呂がないので共同浴場へ行くと、床のタイルにせっけん交じりの湯が流れているので、転んで頭を打ったりしないよう腰をかがめて恐る恐る歩いたものだが、三十代くらいの片足の男性が、その滑りやすいタイルの上を、ケンケンしながら移動していた。戦争で失ったのだと思われた。

渋谷の駅前などで、白衣の傷痍軍人の方々がアコーデオンで物悲しい軍歌を奏でていた。あるとき老人が、募金箱に少額の、しかし老人にとっては大金でありそうなお金を入れて、傷痍軍人の方に合掌したのを見た。それは神社仏閣に御賽銭をあげて御本尊をふし拝むような光景だった。この老人の身のまわりに何があったか知る由もないが、子どもだった私は何か日本的な美しさを見たような気がした。

子どもの頃の私の歴史研究は、先の三課題のうち第二項の「物量が乏しいにしても何とか勝つ方策はなかったのか？」からスタートした。その意味で私は、いまでいう、軍事オタクから出発したのだ。そして小学六年生の頃の私の考えは、

「日本は、シンガポールを攻略した時点でイギリスと単独講和を行い、以後、対米戦に集中すべきだった」

というものであった。

私は、その後もこういう考えをもっていたので、三十代頃と記憶するが、政治学者小室《こむろ》直樹《なおき》氏の太平洋戦争に関する講演を聞きにいったことがある。講演終了後、小室氏は二、三の質問しか受けつけなかったが、私はどうしても聞きたいことがあったので、講師控室まで出向いて左記の質問をした。

「戦争は、株式投資と同じで、勝ち逃げするのがベストだと思う。日本はなぜ、シンガポール攻略直後に、イギリスに講和を申し入れなかったのか？　米英のうちイギリスが脱落したら、随分、ちがった展開になったと思う」

私の質問の本旨は、

一、日本は、ここらが潮時と見て講和を申し入れたが、イギリスから断られたのか。
二、まだまだ戦果が拡大すると見たので、イギリスに講和を申し入れなかったのか。

のいずれだったかということであった。しかるに小室氏は、不機嫌そうに、

「そんなことできるはずがないだろッ！」

と一喝。それだけだった。私はこのときの小室氏の意地悪な表情を、いまも忘れることができない。失望した私は、書斎にあった小室氏の著書を全部捨てた。

本来あるべき姿は、シンガポール攻略直後に、日本はイギリスに講和を申し入れて、

一、イギリスが講和を受諾したなら、対米戦に専念する。

二、イギリスが講和を拒否するなら、対米戦を後まわしにして、イギリスを屈服させる。

の、いずれかの選択に踏み切るべきであっただろう。これが敗戦から十数年後、私が小学六年生の頃に立てた作戦だった。以来このことについて、私は右から左まであらゆる人の意見を聞き、復員した多くの旧軍人の方々に根掘り葉掘り質問し、できる限りの戦史書を読み、自問自答を重ねた。これについては約六十年経ったいままで、当時の私の作戦を否定する有力な反論はないので、この作戦はたぶん正しいのだろう、と考えている。

太平洋戦争については、いまでも多くの重要な事実が隠蔽されているから、よくわからないことが多いのだが、どうやら日本は「まだまだ戦果が拡大すると見て、イギリスに講和を申し入れなかった」らしいのだ。

日米開戦に終始一貫して反対した近衛《このえ》文麿《ふみまろ》は、開戦直後から早くも終戦工作に着手し、軍部から危険視されていた元駐英大使の吉田茂《よしだしげる》と接近していた。吉田茂の終戦工作グルー

プはヨハンセン・グループ（吉田反戦グループの略語。憲兵が命名）とよばれた。吉田茂は、このシンガポール攻略を終戦の好期と見て、

「近衛文麿を中立国スイスへ派遣して米英と交渉させる」

ことを提案し近衛も同意したが、この提案は内大臣の木戸幸一が昭和十七年（一九四二年）六月十一日に却下した。こうしてわが日本は「英米との和平のチャンスを自分の手でつぶしたのだ」ともいわれる。

昭和天皇は、この南方作戦が日本軍有利のうちに進展したことをいたくお喜びあそばされた。

シンガポールが陥落した翌日の二月十六日には、

「まったく最初に慎重に充分研究したからだとつくづく思う」

と仰せられ、二月十八日の戦勝第一次祝賀式に際し、皇居正面鉄門に白馬に乗って現れ、宮場前広場を埋め尽くした十数万の人々の歓呼《かんこ》に応えられた。天皇はシンガポール攻略のみではご満足なしたまわれず、さらなる聖戦の遂行を目指された。

明治学院大学教授原武史《はらたけし》氏は、

「（緒戦の戦勝気分に酔っていた）天皇は、日中戦争における漢口陥落のときと同様、『神

の御加護』による戦争の勝利を確信していたに違いない」（『昭和天皇』）と述べている。そして天皇は、ジャワ島を攻略した同年三月九日には、

「余り戦果が早く挙《あが》りすぎるよ」

と仰せられた。

第二部　日清戦争　初の対外戦争

第一章　ロシアを恐れた日本

ロシアを恐れた日本は危機感の薄い清国と対立

◉あらまし◉

　明治二十年代に入るとシベリア鉄道によるロシア軍の南下などわが国を取り巻く軍事情勢は厳しさを増し、「おそロシヤ」という恐露《きょうろ》感情が蔓延《まんえん》。そんななか、明治二十四年（一八九一年）五月十一日、警備中の巡査・津田三蔵《つださんぞう》が来日中のロシア皇太子ニコライ（のちのニコライ二世）を斬りつける大津事件が発生した。

　さらに朝鮮では農民宗教団体による「東学党《とうがくとう》の乱」が勃発し、明治二十七年二月、蜂起は四千余人に拡大した。事態を見た朝鮮駐在公使の大鳥圭介《おおとりけいすけ》は「朝鮮で革命が起きるとロシアの軍事介入を招くから、日本は朝鮮政府に内政改革を行わせるべき」と考え、陸奥宗光《むつむねみつ》外相が清国に「ロシアの軍事介入を防ぐため、日清両国が共同して朝鮮政府の内政改革を指導しよう」と提案した。しかし清国は朝鮮の宗主国としての立場から陸奥外相の提案を拒否したのみならず、対日主戦論が台頭した。

　このため日本は「ロシアの軍事介入を防ぐため、清国軍を朝鮮から排除したうえ、朝鮮の内政改革を実現させるべき」と思い詰めるに至り日清間に戦雲が生じた。

日本最大の脅威はロシア

明治の代に入ったわが日本は、明治二十年代中頃、激浪にもてあそばれる小舟のように、行方いずこともしれぬ不安のなかにあった。

このことについて、東京・下谷龍泉寺《したやりゅうせんじ》の裏店で雑貨・駄菓子を売る店を営みながら生活困窮にあえぐ女流作家・樋口一葉《ひぐちいちよう》は、自分のような力のない女にとっても、日本をとりまく世界の情勢に安閑《あんかん》としておられないと、自身の不安とともに国の行く先に不安を感じていた。この思いを樋口一葉は、明治二十六年（一八九三年）十二月の日記に、

「目を閉じて静かに当世の有様を思えば、いかさまに成《な》らんとするらん。かいなき女子の何事を思いたるも、蟻みみずが天を論ずるに似て、『我を知らざるの甚だし』と人は言わんなれど、同じ天をいただけば、風雨雷電いずれか身の上にかからざらんや。濁れる水は、一朝にては清めがたし。かくて流れゆく我が国の末いかなるべきぞ。外には鋭き鷲（ロシアのこと）の爪あり。獅子（イギリスのこと）の牙あり、インド・エジプトの前例を聞きても身ふるえ、魂《たましい》わななわる」（『塵中日記』※（　）内は著者注）。

と記し、ロシア軍のシベリア鉄道による南下など厳しい国際情勢への憂愁《ゆうしゅう》を述べた。

また演歌壮士《えんかそうし》は、元気よくヤケクソ気味に、

「跋扈《ばっこ》無礼な赤髯奴《せきぜんど》（イギリスのこと）、一葦《いちい》隔てし朝鮮は、チャンチャン坊主（清国＝いまの中国のこと）に膝を折り、鷲（ロシアのこと）の威勢に恐怖して、日々に衰《おと》ろう国（日本のこと）の状態《さま》」（添田《そえだ》知道《ともみち》『流行り唄五十年』※（　）内は著者注）

と歌ったが、これはカラ元気にすぎなかった。

またこの頃、日本の小学生の間で、

「西にイギリス、北にロシア。油断するなよ、国の人。
表に結ぶ条約も、心の底は測られず。
万国公法ありとても、いざ事あらば、腕力の、
強弱、肉を争うは、覚悟の前のことなるぞ」

との唱歌が歌われていた。

女流作家の樋口一葉も、カラ元気の演歌壮士も、いたいけな小学生も、ロシア・イギリスという超大国の間で小舟のように揺れ動くわが日本の行く末を案じたのである。

恐露感情が生んだ大津事件

この二年前、警備中の巡査・津田三蔵がロシア皇太子を斬りつける大津事件が起きた。

明治政府の外交姿勢は明治二十四年（一八九一年）頃になるとイギリスへの傾斜を一段

と強めたので、強大な隣国ロシアとの外交チャンネルが細くなり、日本人の間に「おそロシヤ」という恐露感情が蔓延した。こうした恐露感情のなかで、明治二十四年五月十一日、ロシア皇太子ニコライ（のちのニコライ二世）が来日した。

ニコライ皇太子の来日目的は「シベリア鉄道ウスリー線の起工式参列と東洋諸国漫遊の旅」と説明されており、それはウソ偽《いつわ》りのない真実であった。

しかし恐露感情を埋め込まれた当時の日本人は、この説明を額面どおりに受けとれなかった。とくに『国民之友』明治二十四年四月三日号は、「時事」と題する欄で、

「露国皇太子の旅行は、無邪気なる見物旅行なるや？　兵事上の探討的旅行なるや？」

とロシアへの警戒をよびかけ、一般庶民の恐露感情を煽《あお》った。そして人々は、

「ニコライ皇太子の真の来日目的は、日本征服のための軍事偵察」

と考えたのである。

ニコライ皇太子は軍艦で四月二十七日に長崎へ到着し長崎市民の歓迎を受けたのち、海路、鹿児島へ向かった。そののち瀬戸内海を航行して五月九日に神戸へ入り、兵庫県庁で茶菓の接待を受け、午後四時発の臨時列車で京都へ向かい、京都常盤《ときわ》ホテルに宿泊した。

ニコライ皇太子は、五月十一日朝、人力車で滋賀県の大津へ観光に出かけて三井寺《みいでら》を見学し、午前十一時四十分に滋賀県庁に着いて滋賀県知事の歓迎を受け、午後一時三十分に

県庁を出た。そして人力車で京都へ戻る帰路、警備中の津田三蔵巡査に斬りつけられたのだ。

立番《たちばん》していた津田三蔵はいきなり抜剣し、人力車上のニコライ皇太子の頭部を斬りつけ、津田三蔵はその場で取り押さえられた。ニコライ皇太子は鮮血淋漓《りんり》たる頭部に応急の包帯を巻くと、午後三時五十分発の特別列車で京都へ戻り、京都常盤ホテルで治療を受けた。

没落士族の津田三蔵は、廃藩置県《はいはんちけん》（明治四年〈一八七一年〉）の翌年に東京鎮台《ちんだい》（東京の常備陸軍）に入り、西南戦争（明治十年）が起きると別働第一旅団に編入され、西郷軍との戦闘で左腕に貫通銃創を受けた。負傷快癒後は本隊へ復帰して陸軍軍曹に任じられ、除隊後は滋賀県巡査になった。

津田三蔵はノイローゼに近い極度の恐露論者で、花火の音を聞けば西南戦争での恐怖の砲声を思い出し、ロシアと聞けば剽悍《ひょうかん》強壮の薩摩士族に圧迫された恐怖がよみがえった。そのうえ父長庵《ちょうあん》・兄養順《ようじゅん》とも狂気じみた挙動があり、三蔵自身にも心の病歴があった。津田三蔵は「ニコライ来日目的は日本征服のための軍事偵察」と信じたのである。

現場で捕縛された津田三蔵は、五月十一日夜に行われた予審尋問で、犯行動機について、「露国皇太子は、我が国を視察し他日横領せんため、ご来遊なりたると信ず。露国皇太子を生かして御還し申せば、他日、必ず我が国を横領に来らるるを以て、お命を戴く次第」と申し述べた。津田三蔵は「自分がロシア皇太子を斬り殺せば、日本はロシアの恐怖から逃れられる」と短絡して、斬りつけたのであった。

予審尋問の結果、三浦順太郎《みうらじゅんたろう》予審判事は、津田三蔵の犯行動機を、

「『露国皇太子の来日目的は我が国の軍事偵察』との新聞論調を信じ、悲憤慷慨《ひふんこうがい》したもの」

と判定した。

津田三蔵の処分について、政府と大審院長・児島惟謙《こじまこれかた》の間で、激論があった。政府（首相松方正義《まつかたまさよし》、内相西郷従道《さいごうつぐみち》、外相青木周蔵《あおきしゅうぞう》、司法相山田顕義《やまだあきよし》）は「刑法第百十六条を拡大解釈して津田三蔵を死刑にすべき」と主張したが、大審院長の児島惟謙は「刑法第百十六条を厳正に解釈して津田三蔵を無期懲役とすべし」と主張し死刑に反対した。

とくに西郷従道内相は、裁判前日の五月二十六日、

「（死刑を適用しなければ）露国艦隊が品川沖に現れ、我が国は微塵となるやも測り難し」

と津田三蔵の死刑判決を要求したが、児島惟謙は、

「裁判官の眼中ただ法律あるのみ」

と言いかえし、大審院は津田三蔵を無期懲役とした。これにより大審院長・児島惟謙は

「司法権独立を守った偉人」となっている。

津田三蔵に無期懲役の判決が下ると、西郷従道内相は長大息し、児島惟謙大審院長に、

「これから戦争になります。津田一人の命を助けるため、国家の禍《わざわい》を招くとは何事だ！」

と怒鳴った。西郷従道は薩摩藩出身で、若い頃鳥羽伏見《とばふしみ》の戦いに参加し、幕府軍の銃弾を頭部に受けて瀕死の重傷を負い、九死に一生を得た男なのだ。西郷従道は、勝ち戦でも負け戦でも戦争は痛ましく悲惨である、と身にしみていたのである。

しかし児島惟謙は、西郷従道の悲惨な戦場体験を軽くあしらい、

「（ロシアが）兵力を弄《ろう》し、強逼《きょうはく》野蛮の振る舞いあらば、我ら法官においても一隊を組織し、閣下ら将軍の指揮に従い一方面に当たるを辞せず！」

と言い放った。

そうはいっても、児島惟謙のような高級法官が戦場に立つことはない。一旦緩急あれば、過酷な戦場に投入されるのは、名もなき市井の庶民兵である。

津田三蔵を死刑にしなければ必ず戦争になるとはいえないが、日露開戦となり、応召され戦場に屍をさらすのは何ともやりきれない。国際情勢に敏感な一部の日本人は、「いよいよ日露開戦か？」と言い知れぬ不安を感じ、身震いした。樋口一葉が、前述のとおり、

「外には鋭き鷲（ロシアのこと）の爪あり。身ふるえ、魂わななわる」（『塵中日記』）。

と述べたのは、この二年後のことであった。

朝鮮における「東学党の乱」の勃発

樋口一葉が国際情勢への不安を抱いた明治二十六年（一八九三年）、お隣の朝鮮で日清戦争の発端となる「東学党の乱」が胎動した。

東学党とは初代教祖・崔済愚《さいさいぐ》が一八六〇年（日本では幕末の万延《まんえん》元年）に始めた農民宗教団体で、道教・儒教など東学の粋を集めた東洋主義的な教義により、西学（＝キリスト教のこと）を排撃し、

「十三文字の呪文を唱えれば、天人一如の平等社会が実現でき、霊符を受ければ万病平癒」

と現世利益を説いて庶民の間に急速に浸透した。一八〇〇年代の李氏《りし》朝鮮は政権末期の様相を呈し、国王みずから売官・売爵《ばいしゃく》する腐敗した状態となり、貴族であり地主であり特権階級であり世襲官僚でもあった両班《ヤンパン》は農民を搾取し、官僚は誅求《ちゅうきゅう》をほしいままにし、庶民は疲弊していた。窮乏にあえぐ民衆は各地で自然発生的な暴発をくりかえしていたが、東学党はこれらの蜂起を結集して勢力を強め、朝鮮政府と対立したのである。

するとと朝鮮政府は東学党を邪教として禁圧し、崔済愚を「人心を惑わした罪」で一八六四年（日本では幕末の元治《げんじ》元年）に処刑した。

そののち東学党第二代教祖・崔時亨《さいじこう》が、日本で大津事件が発生した翌年の明治二十五年（一八九二年）頃、「教祖伸冤《しんえん》（無実であること）・倭洋《わよう》（日本と西洋）追放」を唱えて全羅道《ぜんらどう》（朝鮮半島南西部）で教団の再建を始めた。すると朝鮮政府の地方官は、東学党取り締まりを口実に、民家に不法侵入して財産強奪・没収におよんだ。そのため地方官の不法収奪を不満とする窮乏農民までが、東学党に参加するようになり、東学党は慶尚道《けいしょうどう》（朝鮮半島の南東部）・忠清道《ちゅうせいどう》・京畿道《けいきどう》（朝鮮半島中西部）へ広がり、勢威を一段と強めた。そして東学党は、明治二十六年三月、

「初代教祖の冤罪《えんざい》を朝鮮国王に直訴する」

と称してソウルへ入り、各所に高札を掲げ、各国公使館に倭洋追放の貼紙を貼り、西洋人の門前で「西洋人を殺戮する」と罵言し、ソウル在留の西洋人をおおいに恐れさせた。

さらに第二代教祖・崔時亨は、同年四月、地方指導者を集め「倭洋追放」を唱導した。そこで朝鮮政府が政府軍六百人を派遣して弾圧姿勢を示すと、これが逆効果となり、東学党は「教団指導部の平和的強訴姿勢」から「地方指導者による武力暴動」へ転じた。

明治二十七年二月、全羅道・古阜《こふ》の東学党地方指導者・全琫準《ぜんほうじゅん》が立ち上がって暴動を指導し、腐敗した悪徳地方官が窮乏民から横領した米を奪還して、貧民に分配し、

「全羅道での悪徳地方官による搾取を止めさせ、次に、中央の悪徳官僚を追放すべき」と主張した。すると朝鮮政府は政府軍を派遣し、男とみれば手当たり次第に捕縛連行。困窮民に暴行・略奪・放火を行った。この事態に憤激した全琫準が、全羅道各地の東学党地方指導者に回状を回すと、騒動は全羅道一帯に広がり、蜂起は四千余人に拡大した。

ロシアの朝鮮への軍事介入をいかに防ぐか

この事態を見た朝鮮政府高官のなかに、良識派も、いたにはいた。朝鮮政府の左議政（左大臣のこと）趙秉世《ちょうへいせい》は、東学党暴動の報告に接したとき、

「間口四間の草屋をもてば、年間納税額は百余金。土地三反の租税は四石余の重税である。民が生業を楽しめば騒擾《そうじょう》は発生しない。農民蜂起を鎮める方策は内政改革をすることだ」

と力説した。適切な見解である。

しかし、朝鮮政府は内政改革を実行しなかった。否、できなかったのである。朝鮮政府は、国王みずから売官・売爵する腐敗した旧守派の巣窟《そうくつ》であり、両班や官僚は既得権益を手放さず、内政改革の目途はまったく立たなかった。

事態をみていた朝鮮駐在公使・大鳥圭介は、同年二月十四日、朝鮮の近況報告として、「朝鮮国民のうち、志ある輩《やから》は、革命を企図する者が多い。清国は『護国大臣を派遣して

朝鮮の政治改良を図る』と言う。東洋の安全を図るには、朝鮮政府に内政改革を行わせ、政治混乱を未然に防止することが望ましく、日本は、清国を支援して、朝鮮政府に内政改革を行わせるべき」

と述べた。大鳥圭介公使は、ロシアの軍事勢力が朝鮮半島に入ってくるのを恐れ、「朝鮮で革命が起きると、ロシアの軍事介入を招くから、日本は清国を支援して朝鮮政府に内政改革を行わせ、ロシアの軍事介入を未然に防止すべき」

と考えたのだ。

その後、蜂起は一段と勢力を増し、東学党は軍事組織を編成して五月十一日には朝鮮政府軍七百五十人を撃退。これを機に宣言文を発表し、

「虐政《ぎゃくせい》日にしげく、怨声《えんせい》相属し、君臣の義・父子の倫・上下の分は遂に壊れて遺すなし。公卿《くぎょう》から方伯守令《ほうはくしゅれい》（各級地方官のこと）に至るまで、国家の危殆《きたい》を思わず、肥己潤家《ひこじゅんか》の計を窃《ぬす》み、万民は塗炭《とたん》に苦しむ。億兆詢議《じゅんぎ》して義旗《ぎき》をあげ、保国安民《ほこくあんみん》をもって死生の誓いとなす」（※（　）内は著者注）

と、決起の趣旨を述べた。朝鮮政府は政府軍八百人を送ったが、政府軍の士気は奮わず、東学党に大敗した。朝鮮政府軍の兵士は、給料が四ヵ月も遅配しており、上層部を怨嗟《えんさ》して戦意がなく、政府軍による暴動鎮圧は不可能だったのだ。

やむなく朝鮮政府は東学党の要求を受け入れ、「内政改革・悪徳官吏処罰」を決定したが、旧守派の巣窟である朝鮮政府に内政改革を行うことはできなかった。そして東学党は、五月三十一日、李王朝の本貫地であり全羅道の首府である全州へ入り全州は陥落した。武力鎮圧も内政改革もできない朝鮮政府は、東学党の暴動に対処不能となったのである。全州陥落を見た大鳥圭介公使は、改めてロシアの軍事介入を懸念し、同日、日本政府に、「ロシアの軍事介入を未然に防止するため、日本は、清国と共同して民乱を鎮圧し、朝鮮政府に内政改革を行わせ、朝鮮政府内から親露派を追放すべき」と上申した。

東学党の乱への対処が不可能になると、朝鮮国王は清国に出兵を要請した。李氏朝鮮は清国を宗主国として仰ぎ、清国も李氏朝鮮を属国として扱っていたからである。「国内暴動を外国軍隊に鎮圧してもらう」という世界史上でも珍しいケースである。

宗主国・清、朝鮮へ出兵

朝鮮国王から出兵要請を受けた清国は「宗主国として属国を救う」との名目でただちに出兵。清国軍第一次派遣隊二千百人が明治二十七年（一八九四年）六月八日から十二日にかけて朝鮮半島の牙山《がざん》湾へ上陸した。

清国が、天津《テンシン》条約（日清間で明治十八年《一八八五年》に締結した）第三条により、六月七日に日本に出兵を通知すると、日本も清国に出兵を通知し、日本人居留民保護のため、六月八日、第一陣として一戸兵衛《いちのへひょうえ》少佐指揮の歩兵一個大隊八百人が、朝鮮半島へ向け広島港を出航した。

清国軍第一次派遣隊が、全州からソウルへ至る街道筋の忠清道一帯に進駐しはじめると、東学党の農民軍は、六月十日、戦闘を回避し、朝鮮政府に対し、

一、不正官吏の取締りと売官の禁止。
二、農民の負担増の原因である新設官署の廃止。
三、村落共同資産の平均的分配。
四、米穀の買占め禁止。
五、権力と結託して暴力を振るう排他的ギルド組織の行商人の解散。

などの内政改革を約束（「全州和約」という）させ、平和裏《り》に全州の占領を解いて撤兵した。こうして東学党の乱は終息したため、清国にとっての属国を救うとの出兵目的も、

日本にとっての居留民保護の出兵目的も、この時点で消滅した。

しかし朝鮮政府の内政改革は、何ひとつ行われず、全州和約は「一片の反故《ほご》」となった。のどもと過ぎれば熱さ忘れる、ということだったのだ。

すると、問題の根は残ったままなのだから、いつまた東学党の乱のような騒乱が形を変えて再発するかもしれず、朝鮮の混乱に乗じてロシアが朝鮮半島に軍事介入するかもしれない。

日本にとっては、ロシアの朝鮮半島への軍事介入こそが最大の悪夢である。

そこでロシアの介入を恐れる陸奥宗光外相は、六月十六日、清国駐日公使・汪鳳藻《おうほうそう》に、

「朝鮮の禍根はその内政にある。ロシアの朝鮮半島への軍事介入を未然に防止するため、騒乱が再発せぬよう、日清両国が、共同して、朝鮮政府の内政改革を指導しよう」

と提案した。

しかし清国はアジアの超大国であるとの自意識が強く、日本を交渉相手とはみていないので、陸奥宗光外相の提案を歯牙《しが》にもかけず、朝鮮の宗主国としての立場から、六月二十一日に陸奥外相の提案を拒否した。さらに清国内で六月二十五日頃から対日主戦派が台頭した。

一方、朝鮮駐在公使の大鳥圭介は、朝鮮政府に内政改革委員を選任させ、七月十日、

一、外務大臣を任命し、外交の責任を明確にすること
二、門閥を打破し、人材を登用すること
三、売官および官吏の収賄の禁止

などの内政改革を行わせようとした。内容としては常識的なものである。

しかし朝鮮政府は大鳥圭介公使が要求する内政改革を拒否した。清国軍の進駐により東学党の騒乱が収まると、朝鮮政府の改革意欲は一気に消滅したのである。このため日本は、「兵力を以てでも、清国軍を朝鮮から排除しなければ、朝鮮の内政改革は実現不可能」と思いつめるに至った。

清の示威行動と長崎事件

アジアの超大国を自負する清国と、新興国日本との間には、心理的な厚い壁があった。

話は八年前にさかのぼる。清国は北洋艦隊をもって日本に強力な示威行動を行ったので、これに伴って長崎事件が発生した。

清国の李鴻章《りこうしょう》は、ドイツの指導で陸軍と海軍の近代化に尽力し、海軍はドイツに発注した東洋一の戦艦「定遠《ていえん》」、「鎮遠《ちんえん》」を明治十八年（一八八五年）に就航させて北洋艦隊の中核戦力とし、明治十九年八月一日、「定遠」、「鎮遠」および巡洋艦「済遠《さいえん》」、砲艦「威遠《いえん》」の大型軍艦四隻が、威容を誇示する目的で長崎に入港した。すると長崎市民は、大型軍艦四隻を見て度肝をぬかれ、恐れおののいた。その意味で北洋艦隊は示威の目的を達した、といえる。

清国北洋艦隊の戦艦「定遠」

わが国は明治十年の西南戦争で多額の軍事費用を費やし、財政困難となったので、「富国強兵」を取り下げて「民力休養」へ転じていた。そのため、日本海軍は清国・北洋艦隊と比べて著しく劣弱であった。日本海軍は戦艦をもっていなかったし、「定遠」「鎮遠」と戦う巡洋艦「松島《まつしま》（竣工明治二十四年）」、同「厳島《いつくしま》（竣工明治二十四年）」、同「橋立《はしだて》（竣工明治二十七年）」もなかった。だから日本人にとって「定遠」「鎮遠」は化け物のような巨大軍艦に見えたのだ。

長崎市民の恐れおののく姿に増長した清国兵五百余人は、八月十三日、日本の許可なく勝手に上陸して長崎の街をのし回り、泥酔のうえ市内で暴れまわり、婦女子を追いまわし、乱暴狼藉《ろうぜき》の限りを尽くした。このうち一部の水兵が遊廓《ゆうかく》に押しかけたが、登楼には予約が入っており順番を待たされた。このことに怒った水兵らは暴れ出し、遊郭の備品を破壊し強奪した。

そこで長崎県警察部の丸山町交番の巡査二名が鎮圧に向かい、首謀者二名を逮捕して交番に連行した。すると逮捕された水兵を奪還しようと、逃げていた水兵十数人が骨董店で買った日本刀などで武装して交番を取り囲んだので、交番は警棒で応戦し、襲ってきた水兵らも逮捕して濱町警察署に連行した。

事態を憂慮した長崎県知事の日下《くさか》義雄《よしお》は、八月十四日、清国領事館の蔡軒《さいけん》と会談し、「清国側は集団での水兵の上陸を禁止する。水兵が上陸するときは監督士官が付き添う」と協定を結んだうえ、警察署に逮捕していた清国水兵を清国側へ引き渡した。

すると清国水兵らは「外交的勝利」とますます勢いづき、日下義雄・蔡軒の協定は一片の紙屑となって消滅し、八月十五日昼頃、水兵三百余人が刀剣や棍棒で武装して上陸。清国水兵数人が巡査三人の駐在する交番の前でわざと放尿したので、交番の巡査が注意すると、清国兵三百余人は巡査三人をよってたかって袋叩きにし、巡査二名が死亡、一名が重傷を負った。これを見ていた人力車車夫が巡査らを助けようと清国水兵に殴りかかると、巡査・車夫を助けようとする長崎市民と清国水兵三百余人との大乱闘となった。

駆けつけた巡査らは、清国水兵三百余人が日本刀などの武器で武装していたため、いったん署へ戻り帯剣して出直し、清国水兵と斬りあう事態となった。この結果、清国人士官・水兵四人死亡、五十人余が負傷。日本人側は巡査二人が死亡、警察官十九人が負傷、長崎市民十数名が負傷、という大事件となった。

『長崎県警察史』は、長崎事件の八月十五日の事態について、

「急報に接した梅香崎《うめがさき》警察署長・小野木源次郎《おのぎげんじろう》は、直ちに清国領事館に報告し鎮撫《ちんぶ》方を要求すると同時に、巡査数名を現場に急行させたが、広馬場町四つ角で数百の水兵に包囲攻撃されて、殴打され、蹴られ、斬り付けられ、ことごとく負傷した。清国領事館からも館員二名が駈けつけて制止したが効果はなかった。そこで吉田警部補は巡査をまとめて、いったん本署に引揚げ、巡査一同に帯剣を許した」

と記した。長崎県警察は、巡査の帯剣を許さず警棒のみを携帯する軽装備だったので、早期鎮圧できなかった事情を述べている。

そもそも清国・北洋艦隊の長崎入港の目的は巨大軍艦四隻による示威行動であるのだから、清国兵数百余人が長崎市民に乱暴狼藉の限りを尽くし日本人巡査三人を袋叩きにしした

ことも、広義的には率直な示威行動（とも受け取れる）だったといえる。道理のうえで、いかに清国水兵側に非があろうとも、

「日本は腕力において清国にかなわないのだから、泣き寝入りするしかないのだ」

と思い知らせる示威行動なのである。当時、

「劣弱な日本海軍は、戦艦『定遠』、『鎮遠』を保有する清国・北洋艦隊にかなわない」

というのが、日清両国のみならず国際的にも共通認識だった。このように日本海軍は清国海軍に圧倒的に劣弱であったから、清国は長崎で傍若無人の態度をとったのだ。

日清戦争三年前の明治二十四年（一八九一年）七月五日、清国・北洋艦隊の「定遠」、「鎮遠」など新鋭軍艦六隻が横浜港に入港し、十日ほど停泊した。これはロシア皇太子ニコライが斬りつけられ、下手人津田三蔵が裁判で死刑をまぬがれ、国際情勢に敏感な日本人が「いよいよ日露開戦か？」と身震いした大津事件の二ヵ月後のことである。

横浜で「定遠」、「鎮遠」をはじめとする清国が誇る新鋭艦六隻の威容をみた日本人は、

「日本はロシアとだけでなく、清国とも戦わねばならないのか」

と不安に駆られるとともに切歯《せっし》扼腕《やくわん》し、

「清国軍艦来る。何のために来る。見せびらかしか？　示威運動か？」（『日本』明治二十

四年七月十六日）
と警戒した。
このときから、日清間の戦雲がただよっていたのだ。

元寇の再来を危惧した湯地丈雄

福岡県庁前の福岡市東公園に立派な銅像が二体ある。ひとつは日蓮上人《にちれんしょうにん》、もうひとつは亀山《かめやま》上皇だ。亀山上皇の銅像建立に尽力したのは、長崎事件を契機に警察署長の職をなげうって尽力した湯地丈雄《ゆじたけお》である。湯地丈雄は弘化《こうか》四年（一八四七年）に熊本で生まれ、西南戦争（明治十年〈一八七七年〉）に出陣したのち、明治十九年五月に福岡警察署長になった。

湯地丈雄

湯地丈雄は、長崎事件の応援に行ったとき、

「いつ外国が攻めてくるかわからない。日本人は元寇《げんこう》（鎌倉中期、二度にわたる元〈蒙古ともいう〉の日本来襲事件）を思い出して危機感をもつべき」

と思うようになり、元寇記念碑の建立を決意した。湯地は二年後の明治二十一年に募金をよびかけたが、なかなか集まらなかった。そこで明治二十三年に警察署長を辞め、たったひとりで全国へ募金行脚《あんぎゃ》に出かけた。

当初の構想では鎌倉幕府の執権・北条《ほうじょう》時宗《ときむね》の像を想定していたが、募金運動の有力な支援者だった日蓮宗から「元寇記念なら日蓮上人であるべき」との意見が出され、さらに神社関係者から元が撤退したのは「神風が吹いたからだ」との反論が出て紛糾し、議論は二転三転した。

亀山上皇の銅像

そこで湯地丈雄は、北条時宗をやめ、石清水《いわしみず》八幡宮に祈って神風をよんだとされる亀山上皇の像にすることとし、日蓮宗は独自に日蓮上人の像をつくることとなった。この結果、神風＝亀山上皇と仏法＝日蓮上人のふたつの銅像が福岡市東公園に鎮座することとなった。

日蓮上人の銅像建立費用の募金は日蓮宗の宗教的なバックもあって順調に集まったが、亀山上皇の銅像建立費用の募金は困難を極めたため、湯地丈雄は全国で数百回にのぼる講演を行った。「山師」などと悪評が立ったが、それでもめげずに講演活動を続けた。

こうして艱難辛苦《かんなんしんく》の末にようやく募金が完了したのは、日清戦争も終わり、日露関係が緊迫してきた明治三十五年（一九〇二年）（日露開戦二年前）頃だった。募金を集めはじめてじつに十四年の歳月が過ぎていた。亀山上皇銅像の除幕式は明治三十七年十二月に行われた。

湯地丈雄が心血注いだ亀山上皇の銅像に、湯地の存在を示すものは何もないが、湯地丈雄は自分の名前と辛苦の貧窮生活に耐えた妻子の名を小石に刻み、台座の下に埋めることで満足した。護国思想の普及や献金運動にはげみ、清貧のなか大正二年（一九一三年）に六十七歳の生涯を終えた湯地丈雄が詠《よ》んだ一首は、

「われ死なば　のりとあげるな　経読むな　まなぶ童《わらべ》の　歌でおくれよ」

だった。これが、国を守る信念を貫き通して貧窮のなかに死んだ湯地丈雄の辞世である。

第二章　日清戦争の勝因

目的を達したら、戦争は早々とやめる

◉あらまし◉

最大の陸戦となった「平壌《へいじょう》の戦い」では、清国陸軍はドイツ製の新鋭兵器を装備した一万五千人だったのに対し、日本陸軍の兵器は貧弱で、兵員も一万二千人と不利だった。そこで日本陸軍は速攻をしかけ、平壌を攻略した。

最大の海戦となった「黄海海戦」は、世界史上初の汽走艦隊同士の海戦である。清国海軍は「定遠」「鎮遠」という巨大な戦艦を二隻もつ一方、日本海軍は、軽装甲の巡洋艦しかなかった。しかし、村上水軍が使っていた日本古来の戦法をもとに、「快速を生かして小口径の速射砲弾を浴びせ、清国艦隊の攻撃力をそぐ戦法」を採《と》り、勝利した。

首相の伊藤博文《いとうひろぶみ》と参謀次長の川上操六《かわかみそうろく》は、「日本の真の仮想敵国は帝政ロシアなのだから、清国との戦争に深入りするのは得策でない」と判断し、現地軍に停止命令を出した。しかし第一軍司令官・山県有朋《やまがたありとも》はそれを無視して進撃したため、川上参謀次長は山県を罷免して帰国させ、日清戦争を早期終結に導いた。

日清戦争の開戦――豊島沖海戦

日清戦争の原因は、帝政ロシアの軍事的南下の恐怖をひしひしと感じた日本が、清国の属国として旧態依然たる李氏朝鮮を近代的な独立国家に育てあげて、朝鮮が帝政ロシアへの防波堤になることを望んだことにあった。だから朝鮮を、このままでよしとする清国と、独立した近代国家に育てあげたい日本との対立が激化したのだ。

前章のとおり、東学党の乱鎮圧のため朝鮮政府から出兵要請を受けた清国の第一次派遣隊二千百人は、明治二十七年（一八九四年）六月八日から十二日にかけて朝鮮半島の牙山湾へ上陸し、日本も六月八日に一戸兵衛少佐指揮の歩兵一個大隊八百人が朝鮮半島へ向け広島港を出航した。大本営は日本海軍に、

「清国軍の朝鮮への増援を阻止するため、朝鮮半島西岸海域の制海権を確保し、朝鮮へ陸兵を輸送する清国輸送船団と護衛艦隊を破砕せよ」

と指示した。清国軍は逐次動員により、海路、朝鮮へ続々と増援兵を送っていたからである（**図6**）。

かくして、七月二十五日午前七時、朝鮮・牙山湾の入口にある豊島《ほうとう》の沖で、哨戒中の日

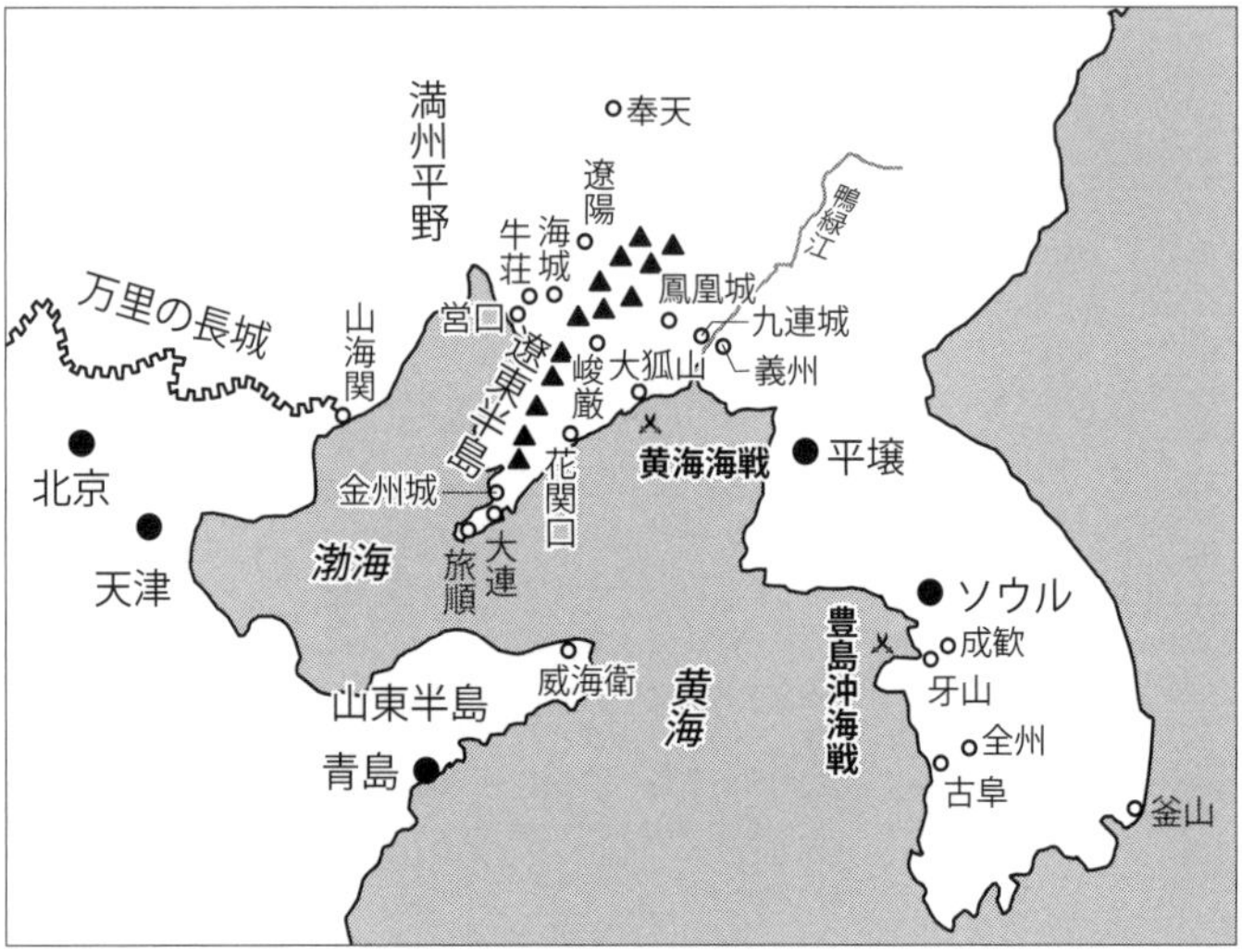

図6：日清戦争要図

本海軍が清国海軍を発見した。清国艦隊は朝鮮・牙山へ送る清国陸兵約千百人と大砲十四門を満載した輸送船「高陞号《こうしょうごう》」を巡洋艦「済遠」、同「広乙《こうおつ》」、木造砲艦「操江《そうこう》」が守って航行していたところ、日本海軍の巡洋艦「吉野《よしの》」、同「浪速《なにわ》」、同「秋津洲《あきつしま》」と遭遇したのだ。

まず「済遠」が発砲して海戦が始まると、「広乙」は陸岸へ退避して擱座・炎上し、「済遠」は損傷して遁走し、「操江」は降伏し鹵獲《ろかく》された。

このの「浪速」（艦長・東郷《とうごう》平八《へいはち》郎《ろう》大佐）が、朝鮮へ陸兵輸送中だった「高陞号」を発見した。「高陞号」は清国がイギリスのジャーディン・マセソン商会から借り上げた船で、イギリス商船旗を掲揚していた。「浪速」は停船を命じて臨検を行い、拿捕《だほ》しようと三時間余に及ぶ交渉を行ったが、「高陞号」が拒否したので、拿捕を断念し撃沈した。清国陸兵千余人と大砲十四門は海没（英国人船員三人と清国兵約五十人は救助された）し、清国陸兵の朝鮮上陸は阻止された。これを高陞号事件という。イギリス商船旗を掲揚した高陞号が撃沈されたことにイギリス国内で不満が生じたが、国際法にもとづく処置であることはイギリスも理解した。

イギリスに留学したこともある東郷平八郎は国際法に精通していたのであった。

成歓の戦いと木口小平

朝鮮へ入った清国兵は、牙山に集結し増援も含めて三千八百八十人に増えると、日本軍との決戦のため東方約二十キロの成歓《せいかん》へ前進した。

これに対する混成第九旅団（旅団長・大島義昌《おおしまよしまさ》）三千人は、

「時間が経てば牙山・成歓の清国軍三千八百八十人はさらに増加する。だから速攻すべき」

と判断し、七月二十九日午前三時頃、成歓の清国軍に夜襲をしかけた。これが日清陸戦のはじまりである。日本軍は午前七時頃までの激戦で成歓を占領し、清国軍は平壌へ向け

キグチコヘイ
ハ、イサマシク
イクサ　ニ
デマシタ。
テキ　ノ　タマ
ニ　アタリマシタ
ガ、シンデ　モ、
ラッパ　ヲ　クチ
カラ　ハナシマセン
デシタ。
尋常小学校の修身の教科書に載っている木口小平のエピソード

て壊走した。前述の豊島沖海戦に続いて成歓の戦いでも清国軍が敗れると、これまで朝鮮人民が抱いていた清国に対する畏敬の念が崩れはじめた。

この成歓の戦いで、積極果敢に攻め込んだ広島第二十一連隊第三大隊第十二中隊長・松崎直臣《まつざきなおおみ》大尉が戦死（日清戦争の戦死者第一号）した。ラッパ手だった木口小平《きぐちこへい》二等卒二十一歳は突撃ラッパを吹いている最中に被弾し絶命したが、口からラッパを離さなかった。この木口小平の話は内地に伝えられ、木口小平の故郷である岡山県成羽町《なりわちょう》（現・高梁市《たかはし》）に「壮烈喇叭手木口小平之碑」がつくられた。そして尋常小学校修身書（道徳の教科書）は、

「キグチコヘイ　ハ、イサマシク　イクサ　ニ　デマシタ。
テキ　ノ　タマ　ニ　アタリマシタ　ガ、
シンデ　モ、ラッパ　ヲ　クチ　カラ　ハナシマセン　デシタ」
と語った。

平壌の戦い

大本営は、八月十四日、第五師団（師団長・野津道貫《のづみちつら》中将）と第三師団（師団長・桂太郎《かつらたろう》中将）をもって山県有朋大将を軍司令官とする第一軍を編成した。

清国の李鴻章は、豊島沖海戦と成歓の戦いで清国軍が敗れ、清国に対する朝鮮人民の畏敬の念が崩れはじめると、威信挽回のため、清国・北洋陸軍一万五千人を平壌に結集し、堡塁など堅固な防御陣地をかまえ、弾薬・食糧などを充分に貯蔵し、

「日本軍を迎え撃ち、宗主国の威信にかけて平壌を守る」

とした。清国・北洋陸軍はドイツ・モーゼル社製のモーゼル小銃、ドイツ・クルップ社製のクルップ鋳鋼製野砲など新鋭兵器を装備し、日本陸軍の村田銃（明治十三年制定）・青銅製七五ミリ野砲（明治十六年採用）より優れた武器をもっていた。

第五師団長の野津道貫は、兵糧が二日分しかなく、弾薬も乏しいので、

「後続の第三師団が到着すれば兵員数が増えるため、兵糧不足・弾薬不足が深刻化する」

と判断し、第三師団が到着する前に第五師団一万二千人のみで攻撃することとした。

一般に「攻城側は守城側の三倍の兵力を必要とする」とされているが、野津道貫第五師団長は〇・八倍の兵力で、堅固な防御陣地にこもる清国軍に挑んだのである。

平壌城は大同江《だいどうこう》という大河に面した城郭都市で、堅固な城壁をめぐらし、玄武門《げんぶもん》、大同門《だいどうもん》、七星門《しちせいもん》などいくつかの門があった。さらに平壌城の周囲には堡塁など堅固な防御陣地が数多く敷設されていた。第五師団が九月十五日午前四時頃に周辺堡塁への総攻撃を開始し平壌城に迫ると、清国兵は城壁を利用して激しく抵抗し、攻略は困難を極めた。

このとき原田重吉《はらだじゅうきち》一等卒は十三人の決死隊に選抜され、玄武門の城壁をよじのぼって城内へ入り、清国兵の攻撃にあいながらも錠前を壊して内側から門を開き、味方の兵を城内へ引き入れた。すると清国側に混乱を生じ、午後五時頃、清国兵は平壌から脱出、平壌は陥落した。この功績により、原田重吉は上等兵に進級したうえ、功七級金鵄《きんし》勲章を受けた。原田重吉は、除隊後、家業の農業に復帰し、木炭を利用した自家製肥料を使って米麦の収穫を倍増させたり、耕作不能な急斜面の山肌に桑・桃・桐などを植えて農家の副収入にあてるなど篤農家として尊敬を集め、県知事表彰を受けた。

なお清国は、この平壌の陥落によって、ついに朝鮮人民に対する権威を失墜した。

強力な北洋艦隊とどう戦うか

日本海軍も清国の北洋艦隊も、豊島沖海戦ののち陸兵輸送に注力したので、しばらく本格的な海戦は行われなかった。とくに李鴻章は北洋艦隊に戦力温存を指示していた。

かかるなか大本営は、朝鮮半島への海上輸送路の安全確保のため、日本海軍に対して、「清国・北洋艦隊を撃滅して、制海権を掌握するよう」命じた。そこで日本海軍は最前線まで索敵したところ、平壌陥落の翌々日の九月十七日午前十時頃、北洋艦隊を遼東《りょうとう》半島・大狐山《だいこざん》の沖合で発見した。北洋艦隊は輸送船五隻（陸兵四千人が分乗）を護衛して山東《さんとう》半島の母港威海衛《いかいえい》を出て、陸兵を大狐山に上陸させた直後だった。日本海軍と北洋艦隊は水平線上に互いを視認すると、北洋艦隊十四隻（軍艦十二隻と水雷艇二隻）、日本海軍十二隻（軍艦十二隻）による「黄海海戦」が始まる。

これは世界史上初の汽走艦隊同士の海戦となった。

北洋艦隊は分厚い装甲を施した「定遠（七三三五トン、ドイツ製）」、「鎮遠（七三三五トン、ドイツ製）」の巨大な戦艦二隻をもち、重砲（口径二十一センチ以上の大型砲）を二十一門（日本は十一門）、小口径速射砲を六門（日本は六十七門）もっていた。さらに日本は非装甲艦が主力だったのに対し、北洋艦隊は装甲艦が主力だった。

北洋艦隊の戦法は、戦艦の巨砲による遠距離砲撃で敵艦隊を撃破して大打撃をあたえたうえ、突撃して近距離に入り、戦艦の先頭部分に装備した衝角《しょうかく》（ラム）で敵艦の横腹を貫く体当たりで撃沈し、トドメを刺す戦法だった。これは普墺《ふおう》戦争（プロイセン対オーストリア）中の一八六六年のリッサ海戦で、イタリア海軍を破ったオーストリア海軍がとった

西欧先進国における最新かつ正統的な戦法で、

「日本の非装甲艦は、北洋艦隊の装甲艦に対抗できない」

とされていた。だから英米仏など世界の海軍専門家の予想は、

「『定遠』、『鎮遠』という巨大戦艦二隻をもち、重砲二十一門をもつ清国・北洋艦隊のほうが優勢であり、勝率は清国七分、日本三分」

というのが大方の見方だった。「清国・北洋艦隊おそるべし」といわねばならない。

当時の日本海軍は、財源・予算に制約があるため、分厚い装甲を施し巨砲を装備した戦艦をもつことはできず、軽装甲の巡洋艦しかなかった。しかし巡洋艦の中小砲で清国の戦艦「定遠」「鎮遠」を撃沈することは不可能なのだ。しからば日本海軍は、どう戦えばよいのか？

日本海軍は、こうした不利な状況のなか、

「優速を利して運動し、小口径の速射砲弾を雨あられと浴びせ、『定遠』『鎮遠』の攻撃力をそぐ」

という戦法を採用した。

これは短い刀を持った軽装足軽が、甲冑武者の長槍にダメージを受けながらも耐えて、勇敢に甲冑武者の懐《ふところ》へ飛び込んで一太刀浴びせ、甲冑武者を倒せないまでも負傷させて戦

闘能力をそぐようなものである。しかし甲冑武者に近づきすぎて、組討ちになってはいけない。甲冑武者の腕力は強力なのだ。一発を食らわないよう気をつけながら、蝶《ちょう》のように舞い蜂《はち》のように刺す行動を、軽装足軽が団結して一糸乱れず行う「凡庸《ぼんよう》の団結」だ。「『定遠』『鎮遠』を沈めることはできないが、戦闘力をそぐことはできる」というのが、日本海軍が勝利するための唯一の戦法であった。

黄海海戦

黄海海戦は九月十七日十二時五十分、北洋艦隊の旗艦「定遠」が距離六千メートルで三十・五センチ砲を発砲し、戦端が開かれた。

北洋艦隊の「定遠」「鎮遠」の巨砲で遠距離から砲撃し、近距離に入ったら体当たりで撃沈するという戦法に対し、対抗する日本海軍の「軽装足軽の凡庸の団結」は、平家《へいけ》が瀬戸内海を支配する前、来島《くるしま》海峡あたりを地盤とした村上水軍《むらかみすいぐん》（来島水軍か三島水軍だったかもしれず、村上海賊だったかもしれない）が、薙刀《なぎなた》を持った多くの甲冑武者が乗組む大船を、集団で襲ったときの古来の戦法をもとにしたものだった。

村上水軍は、獣皮に獣脂を塗り込んだ粗末な鎧《よろい》を身にまとい、数人ずつ乗り組んだ何艘《そう》もの「小早舟《こばやぶね》」とよばれた小舟を漕ぎよせ、集団で大船を襲った。屈強な甲冑武者と組討ちして海に落ちれば、甲冑武者は鎧の重量で海中へ沈み、村上水軍は獣皮に獣脂を塗り込んだ鎧が浮袋になって海面へ浮かびあがった。すなわち、黄海海戦は世界史上はじめての汽走艦隊同士の海戦であったが、そこで日本海軍が村上水軍による日本古来の戦法を採ったのは、注目に値する。国家間の戦争においては、先進国のものまねではダメなのであって、それぞれの国がもつ国民性・民族性に合った戦法を採らなければ勝利はおぼつかない。

日本艦隊は距離を三千メートルまで詰めて、数分後に反撃の砲撃を開始した。

海戦のさなかの午後三時三十分、北洋艦隊の戦艦「鎮遠」の放った三十・五センチ砲弾が旗艦「松島」の左舷四番砲塔を直撃し三十名が戦死、六十八名が負傷した。

日本艦隊は一艦も沈没しなかったが、全艦が被弾した。

北洋艦隊は巡洋艦「経遠《けいえん》」、同「致遠《ちえん》」、同「超勇《ちょうゆう》」が沈没。巡洋艦「揚威《ようい》」、同「広甲《こう》」は座礁・放棄、戦艦「定遠」、同「鎮遠」、巡洋艦「来遠《らいえん》」などが大破・中破となった。

三時間余におよんだ黄海海戦は日本海軍の圧勝に終わり（左表参照）、「定遠」「鎮遠」など北洋艦隊の残存艦艇は午後四時頃から遼東半島の旅順《りょじゅん》湾へ遁走した。

まだ沈まずや定遠は

戦艦「鎮遠」の放った三十・五センチ砲弾が旗艦「松島」を直撃し、多数の死傷者を出

	艦名	艦種	トン数	被害	製造国など
清国・北洋艦隊	定遠	戦艦	7335t	大破	ドイツ
	鎮遠	戦艦	7335t	大破	ドイツ
	来遠	巡洋艦	2900t	大破	ドイツ
	経遠	巡洋艦	2900t	沈没	ドイツ
	済遠	巡洋艦	2300t	中破	ドイツ
	靖遠	巡洋艦	2300t	中破	イギリス
	致遠	巡洋艦	2300t	沈没	イギリス
	平遠	甲鉄砲艦	2100t	中破	清国
	超勇	巡洋艦	1350t	沈没	イギリス
	揚威	巡洋艦	1350t	避退・座礁・放棄	イギリス
	広甲	巡洋艦	1300t	避退・座礁・放棄	清国
	広丙	巡洋艦	1300t	中破	清国
	福龍	水雷艇	115t		ドイツ
	水雷艇一号	水雷艇	不詳		不詳
日本艦隊	松島	巡洋艦	4278t	大破	フランス
	厳島	巡洋艦	4278t		フランス
	橋立	巡洋艦	4278t		横須賀造船所
	吉野	巡洋艦	4216t		イギリス
	浪速	巡洋艦	3709t		イギリス
	高千穂	巡洋艦	3709t		イギリス
	秋津洲	巡洋艦	3172t		横須賀造船所
	千代田	巡洋艦	2439t		フランス
	扶桑	フリゲート艦	3777t		イギリス
	比叡	コルベット艦	2284t	中破	イギリス
	西京丸	商船改造船	2913t	中破	イギリス
	赤城	砲艦	622t	中破	神戸・小野浜造船所

黄海海戦における北洋艦隊と日本艦隊の陣容

したとき、腹をえぐられ瀕死の重傷を負った「松島」の砲員・三《み》浦《うら》虎次《とらじ》郎《ろう》海軍三等水兵（十八歳九ヵ月）が、通りかかった副長の向山慎吉《むこうやましんきち》少佐に、激痛に耐えながら、

「副長、まだ沈みませんか。定遠は」

と尋ねた。向山少佐が、

「定遠は戦闘力が弱り、戦闘不能に陥ったぞ。安心せよ」

と答えると、三浦虎次郎三等水兵は静かに微笑み、息を引きとった。

この話を知った佐佐木信綱《ささきのぶつな》は感動して、左記の「勇敢なる水兵」の歌詞をつくった。

一、煙も見えず雲も無く　風も起こらず波立たず　鏡のごとき黄海は　曇り初《そ》めたり時《とき》
の間《ま》に

（中略）

四、弾丸《たま》の砕片《くだけ》の飛び散りて　数多《あまた》の傷を身に負えど　その玉《たま》の緒《お》を勇気もて　つなぎ
止めたる水兵は

五、間近《まぢ》かに立てる副長を　痛むまなこに見とめけむ　彼はさけびぬ声高《こわだか》に　まだ沈ま
ずや定遠は

六、副長の眼はうるおえり　されども声は勇ましく　心やすかれ定遠は　戦い難《がた》くなし

はてき
七、聞きえし彼は嬉しげに　最後の微笑《えみ》をもらしつつ　いかで仇《かたき》を討ちてよと　言うほどもなく息絶えぬ

遼東半島の戦い

平壌攻略（九月十五日）ののちの黄海海戦勝利（九月十七日）で黄海の制海権を得たところまでを、第一期作戦という。第一期作戦が終了すると、九月二十五日、大本営は遼東半島を攻略すべく、第二軍（軍司令官・大山巌《おおやまいわお》）を編成し、第二期作戦に入った。

清国は、朝鮮との境界の鴨緑江《おうりょくこう》に将兵三万余人・大砲九十門を配して防衛ラインとした。これに対し日本軍の第一軍（軍司令官・山県有朋）が十月二十四日に鴨緑江を渡河して清国領内へ入り、十月二十六日に九連城《きゅうれんじょう》、十月二十九日に鳳凰城《ほうおうじょう》、十一月五日に大狐山を占領した（**106ページ図6**）。

第二軍は十月二十四日に遼東半島の花園口《かえんこう》に上陸して、十一月六日に金州城《きんしゅうじょう》を占領し、七日に大連《だいれん》を攻略した。

遼東半島先端にある旅順は、山東半島先端の威海衛とならぶ北洋海軍の軍港で、清国軍一万三千人が守っていた。この北洋海軍の拠点をつぶすため、大山巌大将率いる第二軍一

万五千人が、十一月二十一日未明から総攻撃をしかけ、午前十二時頃までに松樹山《しょうじゅさん》と二《に》龍山《りゅうざん》と東鶏冠山《ひがしけいかんざん》を占領。こののち、各所に散らばった清国兵のゲリラ的抵抗を掃討し、翌二十二日には完全占領した。

この間、旅順湾の北洋艦隊は旅順湾を出て、山東半島の母港、威海衛へ逃げ込んだ。

この頃大本営（参謀次長・川上操六）は終戦を考えていた。しかし鼻息荒い現地軍を制御するのは容易でない。そこで川上操六は第一軍と第二軍に対して、

「満州平野での決戦は春を待って行うから、現地部隊は冬営に入り、兵力を温存せよ」

と命じた。「いったん立ち止まれ」ということである。

終戦方針の川上操六、戦争続行方針の山県有朋を罷免

しかし第一軍（司令官・山県有朋）は満州平野での決戦を目指し、川上操六参謀次長の一旦停止命令を無視して進撃し、十一月十八日に大狐山北西の岫巌《しゅうがん》を占領。さらに山県は第二軍の旅順占領（十一月二十二日）を聞くと対抗心を燃やし、十一月二十五日、遼東山系を踏破して満州平野の入口にあたる海城を攻撃するよう命令を下した。

すると川上操六は、大本営の一旦停止＝冬営命令にそむいて進撃する山県を、

「おやじ血迷ったかッ！」

と厳しく糾弾し、第一軍司令官から罷免《ひめん》した。すなわち明治天皇が、参謀次長・川上操六の停戦方針を採用し、十一月二十九日に山県有朋に、

「朕ハ、敵軍全般ノ状況ヲ、親シク卿《けい》ヨリ聴《き》カント欲ス。之ヲ奏セヨ」

という勅語を下して、山県有朋を解任のうえ帰国させたのである。解任された山県（勅語は十二月八日に受領）は、配下の第五師団長・野津道貫と第三師団長・桂太郎に、

「馬革に屍《しかばね》をつつむは元《もと》より期するところ。出師いまだ半ばならず。あに帰るべけんや。いかにせん、天子召還の急なるを。別れにのぞんで、陣頭涙衣に満つ」

との漢詩をあたえ、無念の帰国をした。

じつはこのとき、首相の伊藤博文が日清戦争の終結に動いており、十二月四日、大本営に左記の意見書（『威海衛を衝き台湾を略すべき方策』）を提出した。

「春になって満州で決戦を行えば日本軍が大勝することは確実だが、それは清朝の崩壊を意味する。日本軍が大勝して清朝が崩壊してしまえば、降参する主体がなくなり、講和する相手がいなくなってしまう。そうならないまでも西欧列強が清朝を支援して介入し、日本は西欧列強と戦う羽目に陥りかねない。だからすみやかに終戦とするため、威海衛へ逃げ込んだ北洋艦隊を撃滅して清朝に『敗北は確実である』ことを認識させたうえ、遼東半島における冬営を持久し、満州での決戦は行わず終戦とし、李鴻章と講和するのが得策」

伊藤博文

山県有朋

川上操六

この意見書にもとづき十二月九日に威海衛作戦が決定され、満州への進攻は再延期された。

こうした考え方は民間でも議論されており、たとえば『東京経済雑誌』の論説（明治二十八年《一八九五年》一月十二日）は左記のシナリオを示して警鐘を鳴らしている。

「かりに日本軍が北京を占領したとしても、清国皇帝は降伏せず北京から退去して抗戦し、西欧列強が清国を軍事支援し、日本は清国および西欧列強と戦う窮地におちいる」

威海衛の戦い

伊藤博文の、

「威海衛の北洋艦隊を撃滅して清朝に降伏を促し、満州決戦は行わず、終戦とする目的」

のため、戦艦「定遠」など北洋艦隊の残存艦艇を掃討する威海衛攻略戦が行われた。

威海衛は山東半島の先端にある軍港で、背後に多くの砲台があった。

これに対して第二軍の陸軍部隊が明治二十八年一月二十日から上陸を始め、二月二日までに威海衛湾の周辺砲台を占領し、湾内に停泊中の北洋艦隊を包囲した。

包囲された北洋艦隊の残存艦艇は、戦艦「定遠」の三十・五センチ砲などで抗戦した。

二月五日、日本海軍が水雷艇による世界海戦史上はじめての夜襲魚雷攻撃を行った。

かつて「定遠」に挑んだ巡洋艦「松島（四二七八トン）」が軽装足軽のようなものだとすれば、約五〇トンの水雷艇の攻撃は、短刀一本をもった忍者が夜陰に忍び込んで敵将の首をかくようなものだ。

当時の魚雷は射程距離約三百メートルだったが、真っ直ぐに進まなかった。そのため、

「百メートルくらいまでは真っ直ぐ進むだろうから、距離を詰めろ」

という、はなはだ心細いものだった。そこで実戦に臨む艇長らは実験を行い、各魚雷の偏射《へんしゃ》角度を調べて、敵艦を照準した。

午前三時半頃に水雷艇十隻が威海衛湾内に入ると、北洋艦隊は探照灯を灯していなかった。そこで黒々とした艦影に約百メートルの距離まで近づき、魚雷を発射したところ、「定遠」は横転・擱座した。これは水雷艇による夜間魚雷攻撃として、世界海戦史上はじめての快挙であった。さらに二月六日午前三時半頃に水雷艇五隻が湾内に入ると、北洋艦

隊は探照灯を灯していたが、魚雷攻撃で「来遠」「威遠」が沈没した。

日本陸軍に占領された陸上から、また日本艦隊の海からの砲撃を受けつづけた北洋艦隊の提督・丁汝昌《ていじょしょう》は二月十二日に服毒自決。北洋艦隊は降伏し、終戦となった。

首相・伊藤博文と清国全権・李鴻章とで明治二十八（一八九五）年四月十七日に下関《しものせき》条約が調印された。下関条約は、

一、清国は朝鮮の独立を認める
二、清国は沙市《さし》、重慶《じゅうけい》、蘇州《そしゅう》、杭州《こうしゅう》を開港する
三、日本に賠償金二億両《テール》を払う
四、遼東半島、台湾、澎湖《ほうこ》諸島を日本に割譲する

というものであった。しかし下関条約の調印の直後、帝政ロシアがフランス・ドイツを誘い、日本に遼東半島を返還するよう軍事的圧力をかけた（三国干渉という）ので、日本はすぐに遼東半島を清国に返還しなければならなかった。

不拡大方針と積極方針の対立

前述のとおり、日清戦争においては伊藤博文首相が日清戦争の早期終結方針を打ち出し、軍部を代表する参謀次長・川上操六も同じ見解であった。そして、川上の「いったん立ち止まれ」という第一軍、第二軍への命令に背いた第一軍司令官・山県有朋は、明治天皇の勅令によりその職を解任され、帰国させられた。だから日清戦争は早期に終戦となったのだ。何度も書いたとおり、日清戦争の目的は、日本側としては「朝鮮を独立させて近代化を進めさせ、ロシアに毅然と対峙させる」ことであった。そして、日本軍は清国を朝鮮半島から追い払い、朝鮮の清国に対する畏敬の念を失わせたので、この時点で目標は達成されたのである。ここで終戦とし、むやみに戦争を拡大しなかったことで、日清双方にとって不要な犠牲を重ねずにすんだ。

一九五〇年から五三年に行われた朝鮮戦争のときは、アメリカ大統領トルーマンが戦争を早期に終結させた。

朝鮮戦争が勃発したとき、マッカーサー国連軍総司令官は積極方針を主張。トルーマン大統領に大規模な増援と原爆使用を含めた中国東北部への空爆の許可を要求して、「中国東北部の空軍基地と工業地帯を原爆と空爆で破壊し、中国沿岸を封鎖して艦砲射撃と空爆で中国の工業力を破壊する。さらに蔣介石の国民党軍を参戦させて中共との全面戦争に突入し、共産主義支配を打破する」

と、中国との全面戦争を主張した。しかしトルーマンは不拡大方針を採り、

「中国東北部への爆撃は戦争の拡大を招く。原爆投下は行うべきでない」

として、昭和二十六年（一九五一年）四月十一日にマッカーサーを解任した。マッカーサーは、

「老兵は死なず、ただ消え去るのみ」

と述べて、軍籍を去った。

日清戦争のとき、明治天皇が川上操六参謀次長の不拡大方針を採用して積極方針の山県有朋を解任し、早期終戦にこぎつけたように、不拡大方針のトルーマン大統領は、積極方針のマッカーサーを解任して、早期停戦を果たしたのだ。

しかし日中戦争（昭和十二年《一九三七年》七月～）のときは、そうはならなかった。日本陸軍が苦戦に耐えて南京を攻略（昭和十二年十二月）したとき、日中不戦論者で早期和平を熱願する参謀次長・多《た》田《だ》駿《はやお》が昭和十三年一月十一日の御前会議で、一日も早い早期和平を力説した。しかし広《ひろ》田《た》弘毅《こうき》外相が、戦争継続論の立場から、

「外交大権は外務省の占有である。外交に関する参謀本部の早期和平論は断固拒否する」

と反論し、広田外相の戦争継続論が採択された。このため日中戦争は、蔣介石を軍事支援するアメリカ・イギリスとも戦う大戦争へ発展し、日本人犠牲者三百十万人を出したう

え、敗戦となった。

「生きて虜囚の辱を受けず」の根拠

陸相・東條英機《とうじょうひでき》が昭和十六年（一九四一年）一月八日に軍人の行動規範を示す「戦陣訓《せんじんくん》」を示達《じたつ》し、

「生きて虜囚《りょしゅう》の辱《はずかしめ》を受けず、死して罪禍《ざいか》の汚名を残すこと勿《なか》れ」

と述べて、降伏したり捕虜になることを禁じた。

このため、太平洋戦争において戦局不利となった戦場で、軍人および民間人がバンザイ突撃（バンザイを叫びながら全滅を前提とした突撃を行うこと）や玉砕（全員が戦死すること）、集団自決を強要された。また部隊が移動する場合、野戦病院に収容された傷病兵のうち、自力歩行のできない者には自決が強要された。

じつは、この戦陣訓により捕虜になることを禁じられ、玉砕や自決が強要されたのは、日清戦争のときに日本人捕虜が惨殺されたことが遠因となっている。

日清戦争のとき、日本側は清国軍の捕虜や負傷兵に対し、けがを治療して帰国させるなど寛大で公正な処置をとり、清国人捕虜千七百九十人の多くが日本国内の寺院に収監され、労働を科せられることなく、講和後に帰国した。

一方、清国から引き渡された日本人捕虜は十一名（うち十名は軍夫）だった。清国軍が日本人捕虜を皆殺しにしてしまったから、引き渡される日本人捕虜がほとんどいなかったのだ。清国軍の捕虜となった日本兵および軍夫は、頭の真ん中にわずかに毛を残した坊主頭（辮髪《べんぱつ》）にされ、黒木綿の中国服を着せられ、首と手足に枷鎖《かさ》（かせとくさりのこと）をつけられていた。

しかし生きて帰れた者はまだいいほうだった。

多くの日本人捕虜が首を斬られ、手足を切断された状態で発見された。また道路脇には首と手足を切り取られ、腹を割かれた胴体だけの日本兵の死体が放置されており、道路脇の樹木や民家の軒先には陵辱行為をうけ、鼻や耳をそがれた日本兵の生首が吊されていた。さらに清国軍では、日本人捕虜を生きながら目をえぐり、市中を引きまわしたうえで惨殺するなど、前近代的で残酷な私刑《リンチ》も横行していた。こうした、日本人捕虜に対する清国軍の残虐な扱いを見た山県有朋第一軍司令官は、明治二十七年（一八九四年）八月十三日、平壌にて、

「敵国側の俘虜の扱いは極めて残忍の性を有す。決して敵の生擒《いけどり》する所となる可《べ》からず。寧《むし》ろ潔《いさぎよ》く一死を遂げ、以て日本男児の気象《きしょう》を示し、日本男児の名誉を全《まっと》うせよ」

と訓示した。つまり、

「清国軍の捕虜となってなぶり殺しにされるくらいなら、みずから自決という安楽死を選ぶべきである」

と述べたのだ。清国軍の行いにもとづいているという意味で、山県有朋の指摘には正当事由がある。

この山県有朋の明治二十七年の「生擒となるよりむしろ潔く一死を遂ぐべし」が、東條英機の昭和十六年の「生きて虜囚の辱を受けず」の戦陣訓に踏襲された。しかし、太平洋戦争のときのアメリカ軍は、捕虜に対して戦時国際法を守っているのだから、戦況やむを得ざる場合は、降伏して捕虜になるのが妥当だっただろう。

だから本来なら、昭和十六年の戦陣訓は、

「清国軍の捕虜となり、なぶり殺しにされるより、自決という安楽死を選ぶべし。相手がアメリカ軍なら、自決せず捕虜となって、戦時国際法の庇護《ひご》を受けよ」

と、交戦相手国の捕虜待遇事情を踏まえ、区別して指導するのが適切だったであろう。

東アジアの地政学

太平洋戦争で日本軍を打倒したマッカーサーは、朝鮮戦争において北朝鮮軍十数万人がソ連戦車T－三四を先頭に北緯三十八度線を越えて韓国領内へ侵攻し、中国人民解放軍二

十六万が鴨緑江を渡って参戦し、ソ連人パイロットが操縦するソ連戦闘機ミグ一五が出現したのをみて、

「東アジアは、ソ連軍の南下という軍事圧力にさらされる難題を抱えた火薬庫だったのだ」

と東アジアの地政学にはじめて気づいた。そしてアメリカへ帰国すると、

「アメリカが過去百年間に太平洋で犯した最大の失敗は、支那（いまの中国の万里の長城以南）で共産主義者が勢力を増大させていくのを見過ごしたことである。アメリカは日本を支那・満州・朝鮮から駆逐して目的を達成したかに見えたが、しかしその結果、過去半世紀にわたって日本がこの地域で果たしてきた共産主義者によるアジア支配を防ぐという役割を、今後はアメリカが日本に代わって引き受けねばならなくなった」

と語った。マッカーサーは、太平洋戦争終戦から五年経った昭和二十五年頃になってようやく、

「満州・鴨緑江・朝鮮半島・三十八度線という東アジアの地政学は、日清戦争から日露戦争、太平洋戦争をへて昭和二十八年（一九五三年）の朝鮮戦争終結にいたるまで、帝政ロシア・共産ソ連の軍事膨張・軍事的南下への対応を軸に動いていた」

という東アジアの地政学に気づいたのだ。

マッカーサーが東アジアの地政学に気づいたのは、太平洋戦争で日本人三百十万人が死亡し、朝鮮戦争でアメリカ兵三万人が死亡したのを見たあとのことである。あまりにも遅いといわざるを得ない。しかし遅まきながらでも、気づいただけマシであろう。マッカーサーが東アジアの地政学に気づいてから七十余年も経っているのに、三百十万人もの犠牲者を出した当の日本人がまだ気づいていないのは、誠に残念なことである。

第三部　日露戦争と日本陸軍

第一章　旅順攻略戦の勝因

失敗から戦術を見直し、工夫して難攻不落の要塞を攻略

◉あらまし◉

満州を占領しさらに南下した帝政ロシアの海軍が、朝鮮半島南端で日本海への出入り口である馬山浦《まさんほ》という軍港適地の租借を韓国に要求したことが日露戦争の遠因となり、明治三十七年（一九〇四年）二月六日に戦端が開かれた。

日本陸軍は、遼陽を主戦場とする作戦を立てた。その際、旅順にいるロシア軍に背後をつかれないよう、旅順を封じ込める必要があり、また、日本海軍はロシア海軍のバルチック艦隊と旅順港にいるロシア艦隊が合流することを懸念していた。そこで、乃木希典大将率いる第三軍が、旅順の攻略を任された。

第一回総攻撃は八月二十一日に開始され、重要堡塁である盤龍山《ばんりゅうざん》を占領するも、失敗。しかしそののち、敵堡塁へ向けて攻撃路の塹壕を掘るなど工夫を重ね、第二回総攻撃でP堡塁を、第三回総攻撃で二〇三高地を占領。山頂に観測所を設けて湾内のロシア艦隊を砲撃し、撃沈したのち、東鶏冠山堡塁・二龍山堡塁・松樹山堡塁を地下坑道から爆破して占領し、明治三十八年一月一日に旅順攻略を果たした。

ロシア海軍の馬山浦租借要求

日本陸軍の総帥・山県有朋は、以前からロシアが不凍港を求めて南下することを最も強く警戒し、明治二十一年（一八八八年）の軍事意見書で、

「ロシアは、シベリア鉄道の工事が進めば、冬季に利用可能な良港を求める筈で、朝鮮半島を侵略するだろう」

との懸念を表明。さらに山県有朋は明治二十三年三月の外交政略論で、

「数年後にシベリア鉄道が完成した暁に、朝鮮半島は危難に陥り、東洋に一大変動が起きる。朝鮮の独立が失われれば、日本の対馬は頭上に刃を受ける情勢になる」

と危機感を募らせていた。

また日清戦争後の明治三十二年六月には、駐韓公使に任ぜられた林権助《はやしごんすけ》のため、陸軍参謀本部の田村怡与造《たむらいよぞう》大佐・長岡外史《ながおかがいし》大佐・福島安正《ふくしまやすまさ》大佐が催した送別会の席上、田村怡与造大佐は林権助に朝鮮半島の地図を見せ、馬山浦を示しつつ、

「この地点をロシアに押さえられたら、日本の将来は危ういと見なければならん！」

と指摘。日本陸軍は、以前から、ロシアの馬山浦租借を恐れ、警戒していた。

山県有朋も、この年、明治三十二年十月の対韓政策意見書で、

「ロシアは、旅順・大連を占領せし以来、朝鮮半島南端に軍艦碇泊所を占領することを第一の政略にしている。ロシアが、馬山浦などを軍艦碇泊所に借用せんと朝鮮政府を脅迫する場合は、日本の存亡・興廃に係る重要問題として、日露開戦やむなし」

との覚悟を主張していた。

こうしたなかロシア海軍の軍艦マンチュリア号が、明治三十三年（一九〇〇年）四月十五日、朝鮮半島南端の馬山浦へ来航して武装兵を上陸させ、駐韓公使パヴロフが韓国政府に、馬山浦の租借を要求した。

日本の強い反発もあって、韓国政府はロシアの馬山浦租借を認めなかったが、この事件は日本陸海軍に強い衝撃をあたえたのである。

龍岩浦事件――ロシア陸軍の韓国進出

一方、満州を占領したロシア陸軍は韓国国境へさらに兵を進め、龍岩浦《りゅうがんほ》事件を起こした。

龍岩浦とは、満州と韓国を隔てる鴨緑江の河口にある韓国領内の村である（**図7**）。

明治三十六年五月六日、ロシア陸軍マトリトフ中佐が指揮するロシア兵六十人が清国人人夫を率いて、鴨緑江河口にある韓国領内の龍岩浦で土地を買収し、家屋建築など大規模工事に着手したことが判明した。さらに五月十五日、

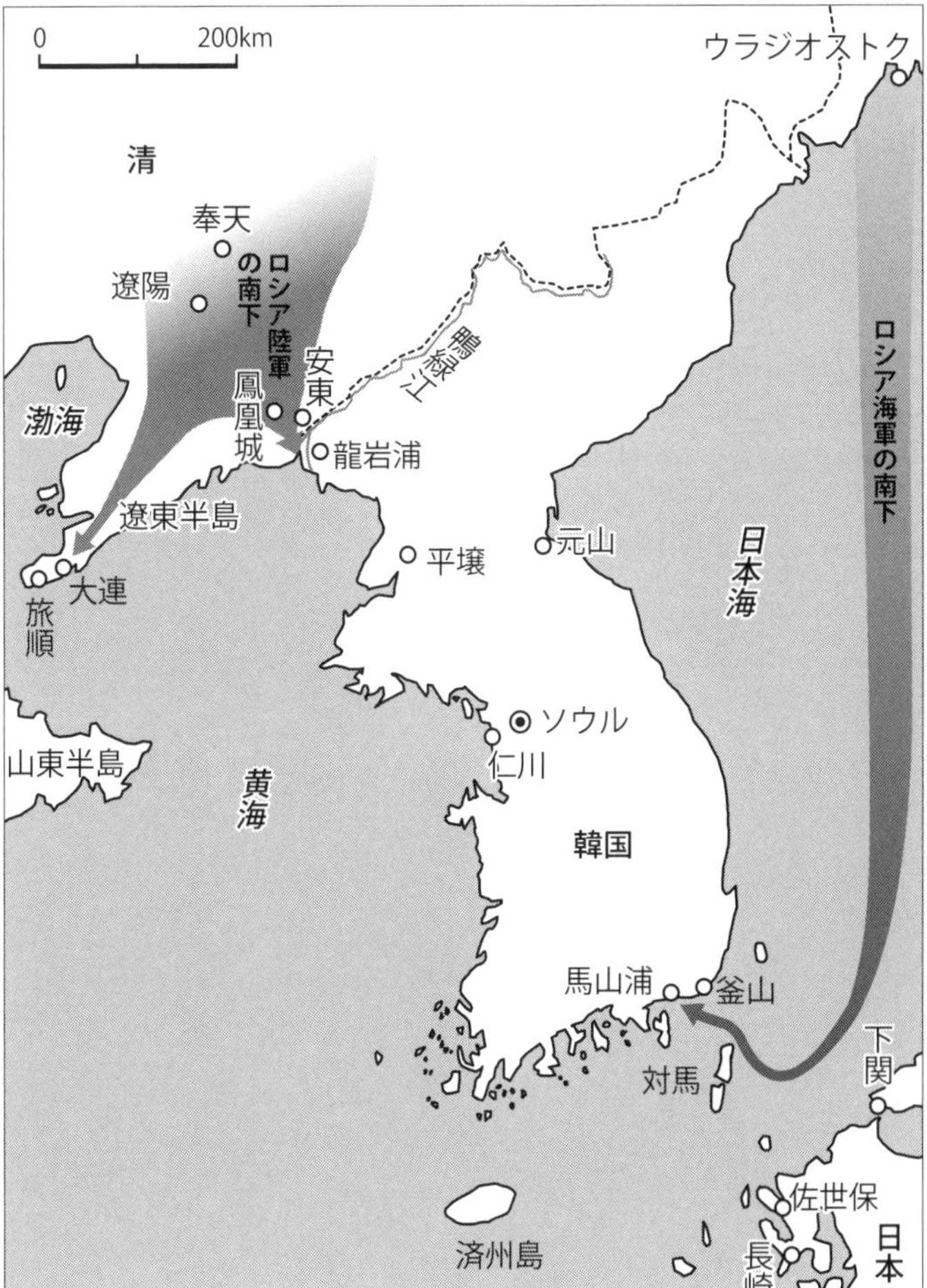

図7：帝政ロシアの朝鮮半島への進出

「ロシア陸軍は、龍岩浦の後背地である鳳凰城に進駐を済ませ、鴨緑江流域の満州・韓国の国境の要所に兵隊を配置している」

ことが判明した。これについて日本人は、

「ロシア陸軍の龍岩浦への進出目的は、韓国への軍事侵攻の前兆か」

と、軍事的危機感を募らせた。

韓国駐在公使・林権助は、

「ロシア陸軍の龍岩浦進出目的は、日本軍を鴨緑江で食い止めるための防衛線だろう」

と推測し、外務省きっての憂国派である外務省政務局長・山座《やまざ》円次郎《えんじろう》は、

「ロシア陸軍の龍岩浦進出目的は、対日戦争のための橋頭堡《きょうとうほ》づくりであるだろう」

と判断。日本陸軍は、

「ロシア軍は朝鮮半島へ軍事侵攻して占領したのち、朝鮮半島を兵站《へいたん》として、日本に侵攻するにちがいない。これは鎌倉幕府のとき、わが国が受難した元寇の再来だ」

と危機感を昂ぶらせた。ロシア陸軍の龍岩浦進出は、日本陸軍を強く刺激したのだ。

対ロシアの防波堤、朝鮮半島

龍岩浦事件の第一報が入って三日後の明治三十六年（一九〇三年）五月九日、陸軍参謀

次長・田村怡与造少将は参謀本部総務部長・井口省吾《いぐちしょうご》少将をよび、

「目下の情況、捨て置き難きにより、各部長を会し、至急、準備すべき事項を調査せよ」

と命じた。そこで井口省吾少将は、第一部長・松川敏胤《まつかわとしたね》大佐と協同して意見書を作成し、

「ロシアは満州占領を企てんとする所以《ゆえん》にて、今後、韓国をロシア勢力下に置《お》かれれば、日本の国防また安全ならざるべし」

として、参謀総長・大山巌元帥（明治三十二年五月から参謀総長・元帥）に回付した。

五月二十九日の陸海軍・外務省の合同会議に、陸軍から井口省吾総務部長・松川敏胤第一部長、海軍から富岡定恭《とみおかさだやす》軍令部第一局長、外務省から山座円次郎政務局長が出席し、

「戦争を賭《と》して、ロシアの横暴を抑制せざれば、我が国の前途に憂うべきものあり」

と、戦争に訴えてでもロシアの南下を阻止すべきとの意思統一が図られた。

主戦論の中心は、参謀本部総務部長・井口省吾少将や第一部長・松川敏胤大佐らだった。

井口省吾らは、ロシアが朝鮮半島を占領して兵站とし日本へ攻め込む計画なら、

「日本が先手を打って朝鮮半島を占領し、朝鮮半島を兵站として満州のロシア軍に血戦を挑み、ロシア軍を満州から追い出す以外に、日本の独立を保持する策はない」

と考えたのである。日露開戦九ヵ月前のことである。

日露交渉は、このあと九ヵ月間、続けられるが、なんら成果はなく開戦に至る。

日本にとって譲れない最後の一点。それが朝鮮半島問題だった。

じつは地政学的に見て、わが国の国防上、朝鮮半島は極めて重要な位置を占めている。

わが国は長い海岸線をもち、海岸の多くは砂浜で上陸用適地が多いため、本土防衛は戦術的に極めて困難である。さらに日本の国土は陸地が狭隘《きょうあい》なため、機動的な部隊運用も、縦深陣地の構築もできず、敵軍が本土に上陸したあとの迎撃は不可能である。したがって国土防衛は、洋上で敵艦隊を撃滅するか、大陸か半島の一部を占領して兵站を置き、大陸内部の広大な平原で敵野戦軍と血戦を行うほかない。日本陸軍がロシア陸軍と戦うには、朝鮮半島を兵站として満州の広域戦場で戦う以外に、戦術が成り立たないのだ。

こうした日本の地形の弱点について、参謀総長の大山巌元帥は、日露開戦一年前の明治三十六年（一九〇三年）六月、

「日本の形状えんえんと南北に延長せるをもって、守備を要する地点ははなはだ多く、国防に不利なり。幸いとするは、西に朝鮮海峡あり。東西の航路を扼《やく》し、国防の鎖鑰《さやく》をなす。もし、露国をして朝鮮を領せしめんか、あたかも、日本の脇肋《わきろく》に二、三時間の渡航を要するのみ」

と記した。ロシアが朝鮮半島を征服したら、朝鮮半島は日本の脇腹に突きつけられた刃

になる、というのである。

日露開戦

日露交渉は実り少ない交渉となって進展せず、ついに暗礁に乗りあげた。帝政ロシアではロシア皇帝がひとりですべての事案を決裁したが、内政・外交・軍事と多岐にわたって膨大な事案をかかえたロシア皇帝は、日露交渉について思案する時間的余裕がなく、交渉を放置したからである。

このように日露が軍事的緊張を深めるなか、明治三十七年二月三日午後四時二十六分、芝罘《チーフー》（現・烟台《えんだい》）駐在領事・水野《みずの》幸吉《こうきち》から、

「旅順のロシア艦隊は、修繕中の一隻を残して、全艦出港。行先は不明！」

との電報が入った。日本海軍は大きな衝撃を受け、

「ロシア艦隊は、日本海軍への先制奇襲攻撃のため、佐世保《させぼ》へ向け出撃したのだろう」

と危機感を強め、佐世保・舞鶴《まいづる》・函館《はこだて》・大湊《おおみなと》・東京湾にロシア艦隊の奇襲を防御する機雷を敷設。日本陸軍は佐世保・長崎・下関・舞鶴・函館の各要塞に警報を発令した。

実際のところ、ロシア艦隊出港の真相は、秘密の夜間航海訓練だった。しかし日本陸海軍は秘密夜間訓練とはわからなかったため、ロシア艦隊の幻影におびえたのである。

最後の決断を迫られたわが国は二月四日に御前会議を開催し、午後四時三十分、

「このうえ時日を空疎するとき、外交・軍事とも回復し得ざる不利に陥るは疑をいれず」

としてロシアとの開戦を決定。二月六日に戦端が開かれた。

旅順第一回総攻撃──盤龍山の占領

日清戦争のときは118ページで述べたとおり、大山巌が明治二十七年（一八九四年）十一月二十一日未明から総攻撃をしかけ、午前十二時頃までに松樹山と二龍山と東鶏冠山を占領した。だから大山巌は、

「旅順要塞などたいしたことはない」

と考えていたようである。

このたびの日露戦争では、大山巌は元帥・満州軍総司令官になっており、第三軍司令官・乃木希典《のぎまれすけ》大将が旅順攻撃にあたったのだが、大山巌は、

「乃木が、たいしたことはない旅順要塞にてこずるのは、乃木が戦下手だからだ」

と歯がゆく思ったようだ。

しかし日清戦争のときとちがい、旅順要塞は永久・半永久の堡塁・砲台がひしめき、それらは交通壕で連絡されており、さらにロシア兵四万七千人・大砲六百五十門・機関銃六

十二梃が配備され、三〜四メートルの縦深をもつ鉄条網と地雷原が敷設された堅固な要塞になっていた。

要塞の築城は巧妙だった。要塞を包囲した乃木軍の幕僚たちはできる限り接近して高性能望遠鏡で観察したが、砲台も堡塁も見えず、鉄条網や散兵壕が散見されるだけで、

「旅順要塞は野戦築城に毛の生えた程度で、日清戦争のときとほぼ同様」

としか見えなかった。

要塞は標高が最も高く全体を見渡せる望台《ぼうだい》を東鶏冠山・二龍山・松樹山の三大永久堡塁が守り、東鶏冠山と二龍山の間に非永久堡塁だが重要堡塁である盤龍山があった（図8）。

旅順第一回総攻撃は明治三十七年八月二十一日午前四時から開始された。乃木軍は東鶏冠山と盤龍山を突破して望台を攻略しようとし、善通寺第十一師団が東鶏冠山に挑んだが撃退され、二十四日午後四時に総攻撃中止となった。

この第一回総攻撃で、金沢第九師団が重要堡塁である盤龍山を占領する戦果を挙げた。

旅順第二回総攻撃前哨戦――ナマコ山の占領

乃木大将は、第一回総攻撃失敗から六日後の八月三十日、各師団参謀長を集めて、

「今後、敵堡塁へ向け攻撃路の塹壕を掘り、敵前五十メートルに突撃陣地を築く正攻法」

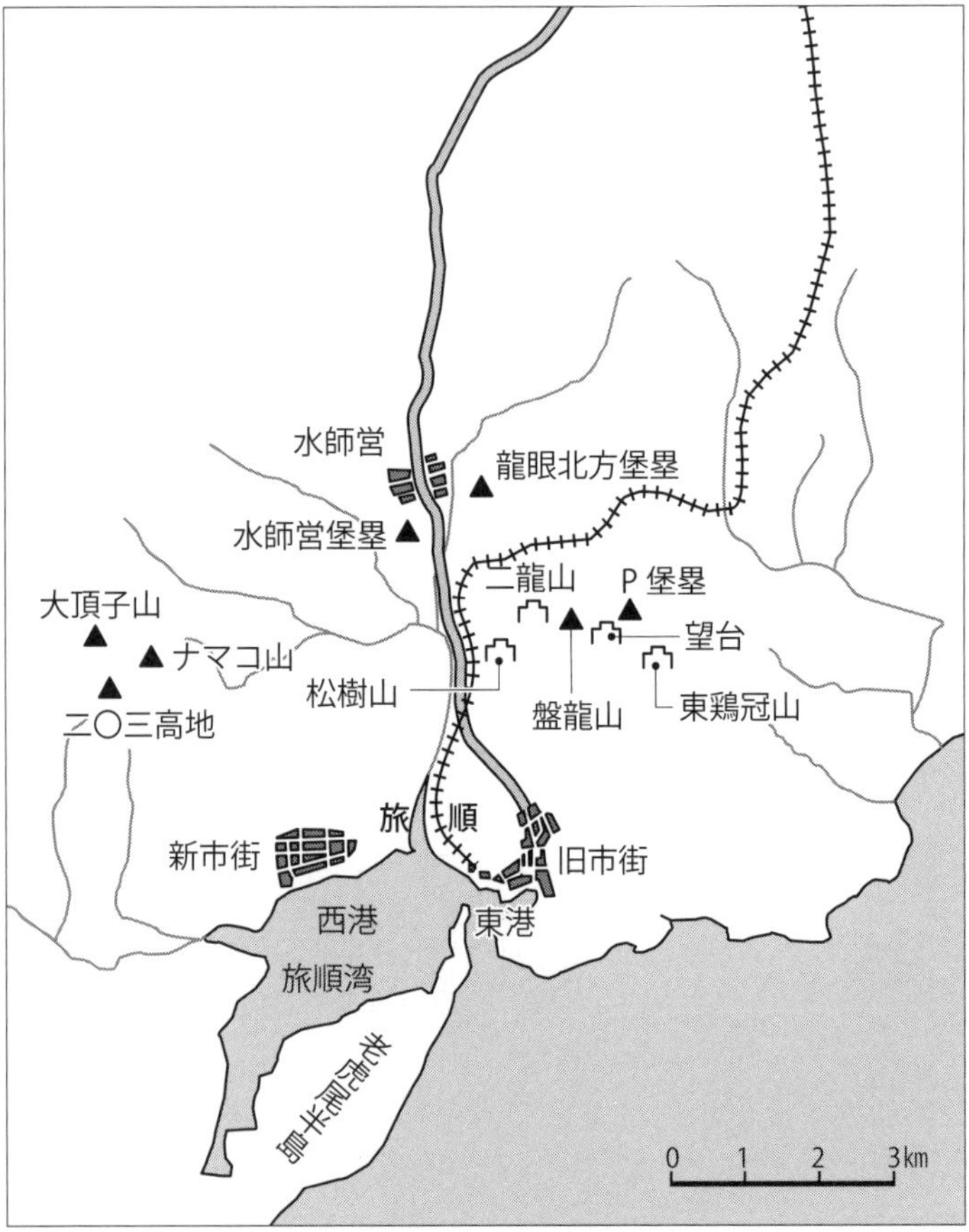
水師営
龍眼北方堡塁
水師営堡塁
二龍山
P 堡塁
大頂子山
ナマコ山
望台
松樹山
盤龍山
東鶏冠山
二〇三高地
旅
順
新市街
旧市街
西港
東港
旅順湾
老虎尾半島
0
1
2
3km

図８：旅順要塞配備図

を採用すると表明。さらに第三軍参謀長・伊《い》地《じ》知《ち》幸介《こうすけ》が作戦目的について、
「ロシア艦隊を砲撃するため、敵艦隊を俯瞰できる二〇三高地とナマコ山を占領したい」
と述べた。

旅順湾を見渡せる最も眺望の良い高地は望台であり、次いで眺望を確保できるのは二〇三高地とナマコ山である。このほか龍眼《りゅうがん》北方《ほっぽう》堡塁と水師《すいし》営《えい》堡塁が乃木軍の側背に脅威をあたえていた。そこで乃木軍は攻撃目標をナマコ山・二〇三高地と龍眼北方堡塁・水師営堡塁とし、攻撃路開削に十八日間を予定し、攻撃開始予定日を九月十七日とした。

この頃、東京の長岡外史参謀次長が乃木軍に二十八センチ榴弾砲を送付した。

第二回総攻撃前哨戦は九月十九日から開始され、金沢第九師団が龍眼北方堡塁を占領、東京第一師団が水師営堡塁とナマコ山を占領したが、二〇三高地への攻撃は撃退された。

しかし乃木軍は作戦成功と判断した。四目標のうち龍眼北方堡塁・水師営堡塁・ナマコ山の三目標を占領し、ナマコ山を観測点とする九月三十日からの二十八センチ榴弾砲の砲撃で旅順湾内の戦艦「ペレスウェート」などロシア軍艦を廃艦同然としたからである。

旅順第二回総攻撃――P堡塁の占領

第二回総攻撃は東北正面を突破する本来の作戦へ復帰し、攻撃目標は三大永久堡塁の松

樹山・二龍山・東鶏冠山およびP堡塁とした。P堡塁は東鶏冠山と盤龍山の間にあり、非永久堡塁だが重要堡塁である（142ページ図8）。十月二十六日以降の砲撃で松樹山に約七百発、二龍山に約千百発、東鶏冠山に約千二百発の二十八センチ榴弾砲弾を撃ち込み、第二回総攻撃は十月三十日午後一時に開始された。

東京第一師団が挑んだ松樹山の外壕は深さ七・五メートル。突撃隊員は土嚢《どのう》を投げ込んで壕底へ飛び降り反対斜面を登ろうとしたが、機銃掃射を浴びて全滅。二龍山へ向かった金沢第九師団は外壕を埋めるべく土嚢を投入したが、量が少なくて外壕を渡れず後退。東鶏冠山を攻撃した善通寺第十一師団は携帯橋（持ち運びできる簡易な仮設橋のこと）で外壕を渡ろうとしたが銃砲火を浴び、外壕を越えることはできなかった（図9）。

かかる困難のなか、金沢第九師団がP堡塁を十月三十日夜十二時頃、占領した。P堡塁は、このとき活躍した旅団長・一戸兵衛《いちのへひょうえ》の軍功を記念して一戸堡塁と命名される。

第二回総攻撃はP堡塁占領の戦果を挙げて、十月三十一日午前八時に攻撃中止となった。

旅順第三回総攻撃――二〇三高地の攻略

第三回総攻撃は十一月二十六日午後一時に開始された。

松樹山を攻撃する東京第一師団は外壕へ降りて胸墻《きょうしょう》へ迫ったが、小銃の乱射を浴びて攻

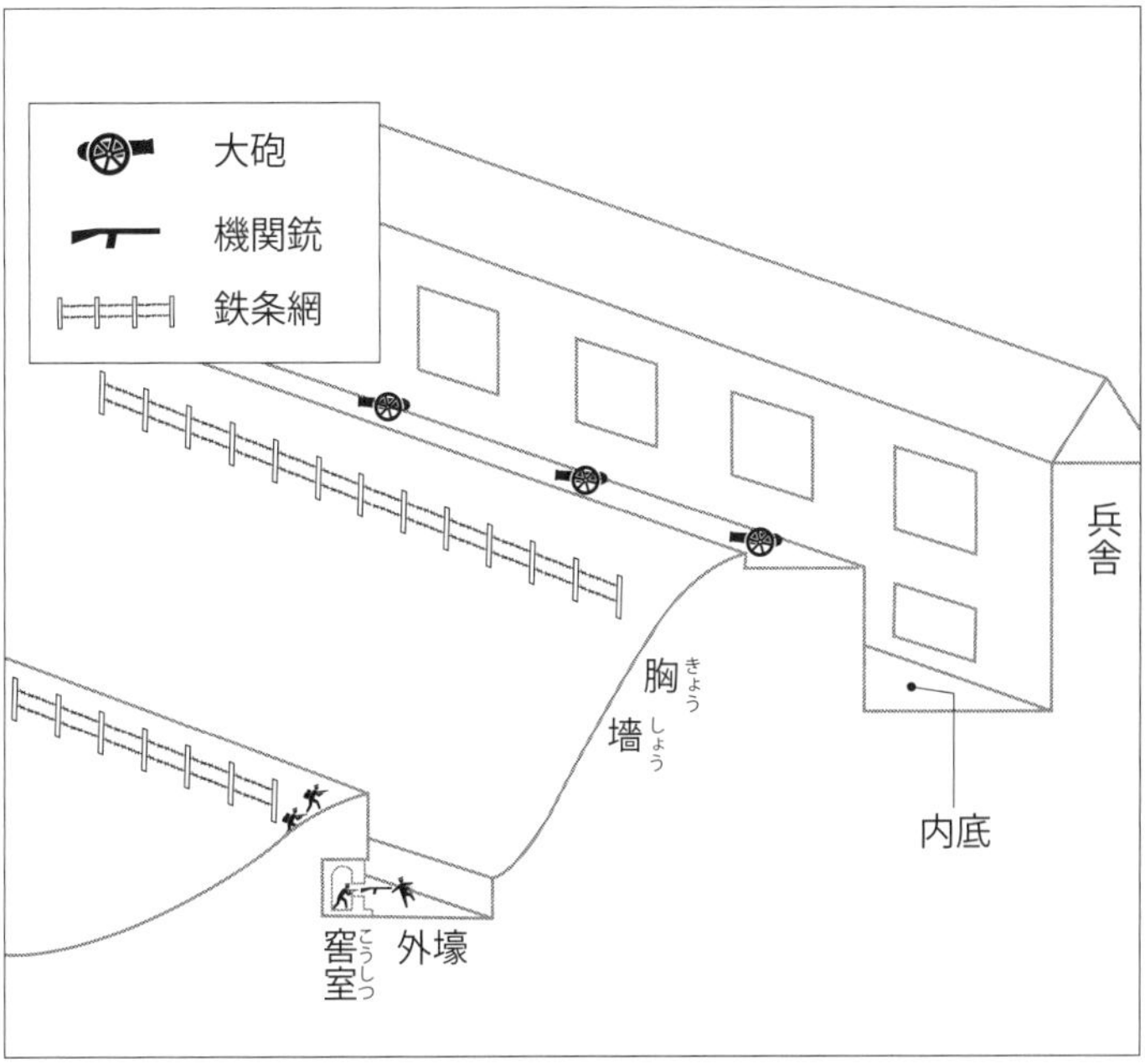

図９：東鶏冠山の構造図

撃は頓挫。二龍山を攻撃した金沢第九師団は外壕へ達するまでに銃砲撃を浴びて、敦賀《つるが》第十九連隊が全滅。東鶏冠山へ突撃した善通寺第十一師団も撃退された。

かかる悲境のなか、二十七日午前十時、乃木大将は攻撃目標を二〇三高地へ変更した。

乃木軍は二〇三高地へ二十八センチ砲弾八百発、十五センチ砲弾三百発を撃ち込み、二十八日に東京第一師団が山頂西南部を占領したが、日付が変わった二十九日午前零時三十分頃、ロシア兵の逆襲を受け、東京第一師団は全滅状態となった。そこで新着の旭川第七師団が三十日に夜襲を敢行し山頂の西南部と東北部を占領したが、日付が変わった十二月一日午前一時頃、ロシア兵の逆襲を受けて山頂東北部から撃退された。

十二月五日には旭川第七師団は残存総兵力を率いて突撃し、午後一時四十五分に山頂西南部・山頂東北部とも完全占領した。山頂に観測所を設けて二十八センチ榴弾砲が砲撃すると、湾内の旅順艦隊はすべて沈没する。

東鶏冠山・二龍山・松樹山の爆破と望台の攻略

乃木軍は、二〇三高地を占領したのち、敵堡塁を地下坑道から爆破する正攻法を進めた。

善通寺第十一師団は、十二月十八日、東鶏冠山堡塁を地下から爆破し占領した。

金沢第九師団は、十二月二十八日、二龍山堡塁の直下で二千七百キロの爆薬を爆破し、占領した。

東京第一師団は十二月三十一日に松樹山堡塁を爆破し占領した。

旅順要塞のかなめである望台を包囲していた第九師団・金沢第三十五連隊第三大隊が、年の明けた明治三十八年（一九〇五年）一月一日午前七時三十分に突撃すると、同日午後三時三十分に望台に日章旗が翻《ひるがえ》り、その一時間後、旅順ロシア軍は乃木軍に降伏を申し出た。

乃木軍は、第一回総攻撃が始まってから四ヵ月半後、旅順攻略を果たしたのである。

前述のとおり、日清戦争のとき旅順要塞をほぼ半日で占領した大山巌は、日露戦争では元帥・満州軍総司令官となっており、第三軍司令官・乃木希典大将が攻めあぐねているのを見て歯がゆく思ったようだ。

旅順要塞は日清戦争のときとはちがい、はるかに堅固な要塞になっていたが、それを言えば言い訳になる。乃木は、大御所である大山巌が日清戦争のときほぼ半日で旅順を攻略したことと事々に比較され、優秀な前任者が上司に鎮座した組織人の悲哀を味わうこととなった。

しかし、この旅順攻略の流れを見てみると、乃木は第一回総攻撃に失敗したが、失敗の六日後には、「敵堡塁へ向け攻撃路の塹壕を掘り、敵前五十メートルに突撃陣地を築く正攻法」を採用、この後の第二回総攻撃・第三回総攻撃も撃退されると、乃木は攻撃目標を変更して二〇三高地を占領。山頂に観測所を設けた砲撃でロシア軍艦を沈没させた。このち乃木軍は東鶏冠山・二龍山・松樹山を地下から爆破して占領し、第一回総攻撃を開始してから四ヵ月半後の明治三十八年一月一日、旅順攻略を果たした。

ずいぶん苦労したけれども、要塞攻略戦としては極めて優秀な戦績というべきである。

第二章　遼陽会戦の勝因

のちにドイツ陸軍、アメリカ陸軍にも影響をあたえた「背面攻撃」による勝利

●あらまし●

遼陽《りょうよう》会戦は日露両軍が激突して雌雄を決する一大会戦であり、明治三十七年（一九〇四年）八月二十六日から九月四日まで戦われ、日本軍の勝利となった。日本陸軍の目的は遼陽に蝟集《いしゅう》するロシア軍を撃破して満州から追いはらい、わが国の安全を確保することである。

一方、敵将クロパトキンは「遼陽で日本軍を殲滅する」との決意を固め戦いに臨んだ。日本陸軍は、主攻兵力の奥保鞏《おくやすかた》第二軍・野津道貫第四軍が遼陽の表口の鞍山《あんざん》站《たん》を、遼陽の裏口にあたる遼東山系に対しては、脇役として、黒木《くろき》為楨《ためもと》第一軍が攻めることとなった。

そして遼陽会戦が始まるや、脇役のはずだった黒木第一軍の背面攻撃が遼陽会戦の勝利を決定した。黒木為楨の独特な背面攻撃は、当時の世界陸戦史において卓抜する国際的トップ水準にある新機軸の作戦として世界陸戦史に記録される重要な作戦であり、のちにドイツ陸軍やアメリカ陸軍に継承された。

黒木第一軍、遼東山系の弓張嶺を攻略

日本陸軍は兵力十三万五千人・大砲四百七十門。対する遼陽ロシア軍は兵力十五万五千人・大砲六百四十二門。ロシア軍の兵力は日本軍の一一五％、大砲は日本軍の一三七％で、遼陽の周辺高地に砲台を築き、掩蓋《えんがい》や散兵壕を設営して防御陣地の強化を図っていた。さらにシベリア鉄道による増援部隊の来援により、明治三十七年（一九〇四年）八月二十五日には二十二万五千人（日本軍の約一七〇％）へ増加する見込みだった。日本軍の作戦は、遼陽の一大会戦でロシア軍を撃破することであった。かくして遼陽に戦気がみなぎった。

日本陸軍は、兵力・大砲において不利であるから、満州軍総司令部の幕僚の間では、

「兵員・弾薬の補給を受けたうえ、遼陽のロシア軍との戦闘に入ろう」

との声が高まった。しかし大山巌元帥は、首を横に振り、

「（補給を待って）九月に入ったら、敵な、ずんばい強大になっと！」

「砲弾《たま》も少なか。兵も少なか。じゃどん、いくさに、楽ないくさは無《な》か。やい申《も》そ！」

と言った。この一言で軍議は決した。

八月二十六日、日本陸軍は、主攻兵力の奥第二軍・野津第四軍が、遼陽の表口の鞍山站を攻めるため、鉄道線路に沿って北上を開始した。

遼陽の裏口にあたる遼東山系に対しては、脇役として、黒木第一軍が北東から迂回してロシア軍東部兵団を撃破し、遼陽の後背へ進出することを目指した（**図10**）。

黒木第一軍が攻めた遼東山系の弓張嶺《きゅうちょうれい》は峻険な山岳地帯で、大砲・砲弾の運搬に難渋したので、八月二十六日未明、師団あげて夜襲銃剣突撃（弓張嶺夜襲作戦という）を行うと、ロシア兵は潮が引くように退却していった。

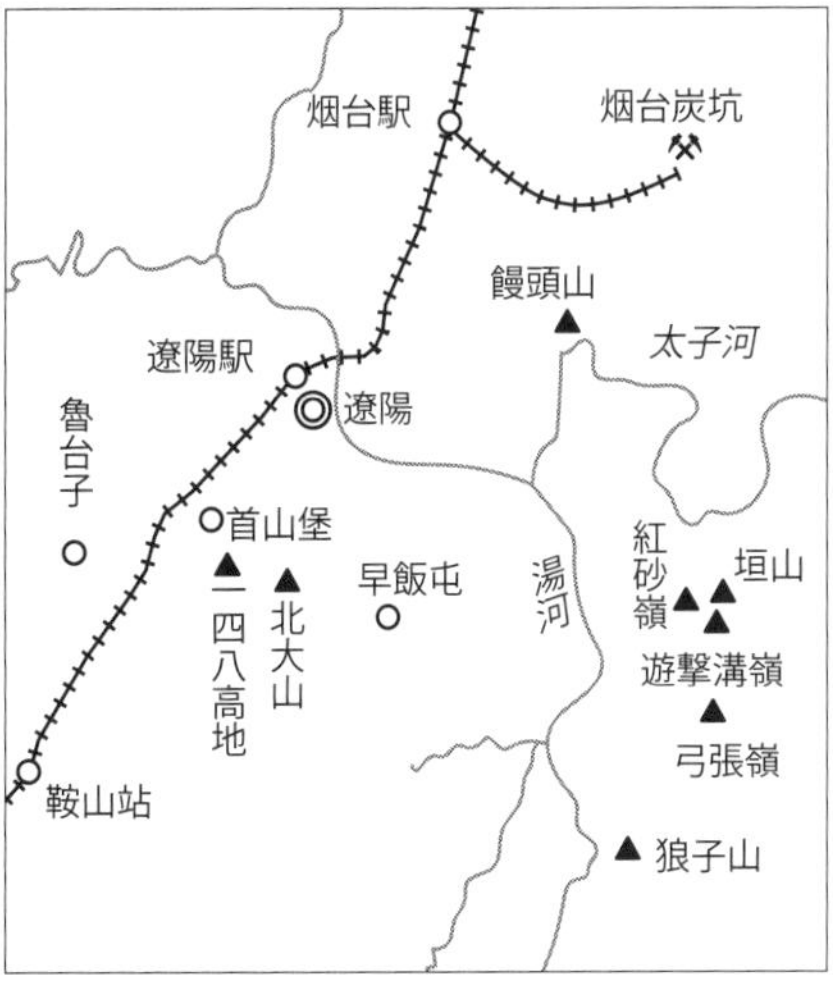

図10：遼陽会戦要図

黒木為楨という名将

ここで第一軍司令官・黒木為楨大将を紹介する。黒木為楨は薩摩出身であり、西南戦争で政府軍第十二連隊長・中佐として頭角を現した。

明治十年（一八七七年）二月十五日に決起した西郷軍は、政府軍が守る熊本城を包囲したうえ、博多を目指して前進し、田原坂《たばるざか》に布陣した。これに対し政府軍は、熊本城を救援するため博多から前進し、

黒木為楨

田原坂で西郷軍と激突した。しかし政府軍は、勇猛果敢に抵抗する西郷軍に苦戦し、田原坂を越えて前進することができなかったのである。

そこで政府軍の黒田《くろだ》清隆《きよたか》中将（薩摩）が、この苦境を打開するため、

「軍艦によって熊本の背後の八代《やつしろ》付近へ上陸し、南から迫って熊本城の包囲を解く」

と献策。黒田清隆を主将とする別働第一旅団（高島鞆之助《たかしまとものすけ》大佐）が長崎を出航した。このとき黒木為楨は別働第一旅団の第十二連隊を率いて八代海を渡り、八代の南方十キロの日奈久《ひなぐ》海岸に三月十九日早朝に上陸。敵兵薄い街道を北上し、午後二時頃、西郷軍を撃破して八代を占領した。黒木為楨が八代を占領すると、三月二十五日、別働第二旅団（山田《やまだ》顕義《あきよし》少将）と別働第三旅団（川路《かわじ》利良《としよし》少将）が八代へ上陸。これらの部隊が前進して熊本城に近い宇土《うと》半島を占領すると、四月七日、別働第四旅団（黒川通軌《くろかわみちのり》大佐）が宇土半島へ上陸した。こうして軍艦で西郷軍の背後へまわりこんだ黒田清隆の衝背軍四個旅団が、四月十五日に籠城《ろうじょう》する熊本城を救援し、さらに西郷軍を攻撃して人吉《ひとよし》方面へ敗走させた。このことが西南戦争における政府軍勝利の原動力となった。

この作戦において中佐・第十二連隊長の黒木為楨は、背面攻撃の栄《は》えある先鋒を務めた

のである。

こうした殊勲を挙げた黒木為楨は戦上手の名将と評されて順調に昇進し、日露戦争には大将・第一軍司令官として遼陽会戦に臨んだ。黒木為楨は近代軍事学にも留学にも無縁で、幾多の戦場を駆けめぐった経験から戦術・戦略を会得した、野戦攻城の名将である。

ロシア軍撤退の罠

黒木第一軍が遼東山系を進撃して弓張嶺夜襲作戦を成功させ、「弓張嶺を占領した黒木第一軍が、ロシア軍の退路を脅かしている状況」になると、八月二十七日午前七時三十分頃、敵将クロパトキンは東部兵団を退却させた。

クロパトキンは、東部・南部両兵団を遼陽へ集めたうえでの遼陽決戦を決心し、奥第二軍・野津第四軍が攻撃目標とした鞍山站のロシア軍南部兵団をも、八月二十七日午前八時頃、退却させた。これはロシア軍が最も得意とする戦略的退却である。

第四軍司令官・野津道貫は、ロシア南部兵団が隊列を崩さず済々《せいせい》と退却していくのを見ると、

「ロシア軍退却は、日本軍を誘い込み、逆襲に転ずる罠ではないか？」

と疑った。

第四軍司令官・野津道貫大将には、西南戦争のとき、政府軍第二旅団参謀長・大佐として西郷軍と田原坂で激突し、苦戦した経験があった。

熊本へ通じる街道のうち、大砲を引いて通れる道は田原坂しかなかったから、田原坂が決戦場となった。田原坂はかつて加藤清正《かとうきよまさ》が熊本城防衛のため切り開かせた、二キロほどの切り通しの曲がりくねった急な坂道で、守るに易く攻めるに難い地形だった。

田原坂の戦いで、明治十年（一八七七年）三月四日、西郷軍の一番大隊長・篠原国幹《しのはらくにもと》が狙撃され戦死した。

政府軍の最前線で戦った野津道貫第二旅団参謀長にも、銃弾二発が命中した。しかし運よく一発はベルトに、一発は軍刀に当たったため、九死に一生を得て難を逃れた。野津道貫は、最前線に立って勇猛果敢に戦う典型的な野戦型の指揮官であった。

しかし野津道貫第二旅団参謀長らの勇戦奮闘むなしく、政府軍は西郷軍の激しい抵抗により、三月十九日まで田原坂を越えることはできなかった。

かつての野津道貫は最前線で勇猛果敢に戦う典型的な野戦型の指揮官だったが、西南戦争・田原坂の戦いの苦戦をつうじて、

「無理な戦闘をしかけて味方の兵力を損なえば大敗につながる」

ことをよく理解した。

そこで日露戦争では強大なロシア軍を力攻めして損害を招く愚《ぐ》を避け、戦況が好転するまで慎重に持久する「石橋を叩いて渡る慎重居士《しんちょうこじ》」に成熟していた。

第二軍司令官・奥保鞏大将も南部兵団撤退を知ると「ロシア軍退却とは速断できない」と慎重姿勢を堅持し、八月二十九日は追撃せず、騎兵による偵察隊を派出した。

クロパトキンの戦略的退却は、東部兵団・南部兵団の総勢二十二万余人の大軍を遼陽周辺に集結させて網を張り、日本軍総勢十三万余人を殲滅すべく待ち構える「巨大なアリ地獄」ともいうべき壮大なる罠であった。ふたりの司令官の英断により、日本軍は全滅の憂《う》き目を見ることを回避したのである。

総参謀長・児玉源太郎の判断ミス

ところが、満州軍総参謀長・児玉源太郎《こだまげんたろう》は
「ロシア軍は壊滅的打撃を受け退却中だから、急追しなければ取り逃がす」

との大妄想にとらわれていた。そこで八月二十九日夕刻、野津第四軍と奥第二軍に急追を厳命した。重大な判断の誤りだが、不適切でも命令は絶対である。

かくして野津第四軍・奥第二軍はクロパトキンの包囲網の中へ飛び込むことになる。

しかし、日付が変わった八月三十日午前零時頃、満州軍総司令部内に言い知れぬ不安がよぎった。

ロシア軍に退却の兆候はまったくなく、むしろ逆襲の気配が感じられたからである。野津第四軍・奥第二軍が総司令部命令どおり進撃すれば、待ち構えるロシア軍の堅陣《けんじん》に包囲され全滅するだろう。こうなれば日露戦争は日本の完全敗北となって終わりである。

八月三十日夜明けとなり戦闘開始である。遼陽前面を守るロシア軍前哨陣地の早飯屯《そうはんとん》を攻撃した野津第四軍は、ロシア軍の激しい抵抗で前進できなかった。同じくロシア軍前哨陣地の一四八高地に挑んだ奥第二軍の攻撃も撃退された。

野津第四軍・奥第二軍とも、度重なる苦戦で兵力を損耗し、八月三十一日昼頃には手詰まりとなり、遼陽会戦はついに敗色が濃くなったのである。

黒木為楨の背面攻撃

この八月三十日午前一時頃、満州軍総司令部の参謀・松川敏胤大佐が、善後策として、

「弓張嶺夜襲作戦により遼東山系を攻略し裏口から遼陽へ迫った黒木第一軍が、太子河《たいしが》を渡河して、遼陽ロシア軍の後方をおびやかす」

よう黒木第一軍参謀長・藤井茂太《ふじいしげた》少将に懇請を打電した。

藤井茂太は松川の懇請を快諾。黒木第一軍は遼陽の裏口から背面攻撃をしかけ、三十一

日午前十一時頃、太子河を渡河（太子河渡河作戦）して、二日夕方に烟台《えんだい》炭坑へ迫った。

するとと敵将クロパトキンは、

「黒木第一軍が烟台炭坑を通過して山を下り、平野部へ出て、遼陽─奉天の鉄道線路を遮断したら、遼陽のロシア軍は退路を断たれて背後から包囲される」

と恐れ、三日午前四時頃、ロシア全軍に奉天への総退却を命じ、遼陽のロシア全軍は退却して去っていった。こうして遼陽会戦は日本の逆転勝利となったのである。

西南戦争から受け継がれた金床作戦

野津道貫が政府軍の大佐として西南戦争の田原坂で戦ったとき、西郷軍の抵抗が激しく、明治十年（一八七七年）三月十九日まで田原坂を越えることはできなかった。田原坂を越えなければ西郷軍に包囲されている政府軍の熊本城は飢餓地獄になり、四月中旬には自滅してしまう。

苦境にあえいだ政府軍では、黒田清隆の衝背軍四個旅団が軍艦で西郷軍の背後へ上陸して四月十五日に熊本城を救援し、西南戦争における政府軍勝利の原動力となった。

熊本城の背後への上陸作戦は、鍛冶屋《かじや》が槌《つち》を金床《かなとこ》へ打ちつけるように、田原坂の手前へ進出した政府軍が西郷軍を田原坂に引きつけて「金床の役割」を果たし、黒田清隆の衝背軍四個旅団が軍艦で八代から宇土半島付近へ上陸し、熊本城を囲む西郷軍を背後から叩く「鍛冶屋の槌」となって、熊本城を救援したのである。

すなわち黒田清隆は「金床作戦」という新戦術を提議し、西郷軍を打ち破ったのだ。

金床作戦を英訳すれば「スレッジ・ハンマー作戦」となるであろう。

世界最強のロシア陸軍と戦う運命にあるドイツ陸軍は、これまでロシア陸軍に勝ったことがない。そこで日本陸軍の戦いから学ぶため、日露戦争においてドイツ参謀本部ロシア課員のホフマン大尉が観戦武官として第一軍の黒木為楨・藤井茂太について歩いた。ホフマン大尉は「黒木・藤井の腰巾着」とあだ名され、つぎつぎに質問して黒木・藤井の薫陶を受けた。

ホフマン大尉は、とくに黒木第一軍の弓張嶺夜襲作戦や太子河渡河作戦に驚き、

「ドイツ陸軍は正面攻撃を主流としている。なぜ日本陸軍は背面攻撃を主流とするのか。背面攻撃を行った際、敵に当方の正面を打ち破られ大敗北に至る危険はないのか？」

と質問した。これまでの古今東西の陸戦史はいずれも正面攻撃を主流としているから、ホフマン大尉のこの質問はいい質問である。これに対する藤井茂太の回答は、

「正面で守勢をとる敵を撃破するには、敵の数倍の兵力を必要とする。しかし正面で敵の

攻勢を防御するなら小兵力で足りる。当方の全兵力が少ない場合、正面は小兵力で防御し、敵の備えの少ない背面に兵力を集中して撃破し、敵の背後から包囲するのが有利」という明快なものだった。

ドイツ陸軍ホフマン参謀の背面攻撃

こののち第一次世界大戦（一九一四年七月〜）が勃発したとき、ホフマンは中佐になっており、東プロイセンを防衛するドイツ第八軍の参謀として第八軍参謀長ルーデンドルフ少将、第八軍司令官ヒンデンブルク大将を支えた。

ルーデンドルフ少将（左）とホフマン中佐（右）

ホフマン中佐は、タンネンベルクの戦い（一九一四年八月〜九月・**218ページ図15**）のとき、黒木第一軍が遼陽会戦で行った背面攻撃を採用した。正面のロシア第一軍の前に弱体な第一騎兵師団だけを置き、ドイツ軍主力を高速移動させて南東から迫るロシア第二軍を壊滅させたうえ、再び元の位置へ戻ってロシア第一軍を撃退。ロシアの圧倒的な大軍（二個軍団）を撃退して、ドイツに勝利をもたらした。

ホフマン中佐は最優秀の参謀と評され、第八軍参謀長ルーデンドルフ少将は大将・参謀次長へ昇進。第八軍司令官ヒンデンブルクは参謀総長へ昇任したのち、ドイツ第二代大統領（在任：一九二五年五月～一九三四年八月）になる。

遼陽会戦を勝利へ導いた黒木為楨の背面攻撃は当時の世界陸戦史において卓抜する国際的トップ水準にあり、日露戦争の観戦武官として黒木為楨の薫陶を受けたホフマンが、タンネンベルク会戦で黒木の背面攻撃を取り入れてドイツ軍に勝利をもたらした。つまり、「ドイツ陸軍に勝利の方策を教えたのは、日本の名将黒木為楨だった」といっても過言ではない。

マッカーサー元帥のスレッジ・ハンマー作戦

太平洋戦争で日本陸海軍を打ち負かしたアメリカのマッカーサー元帥は、太平洋戦争終戦五年後の昭和二十五年（一九五〇年）に勃発した朝鮮戦争のとき、タンネンベルク会戦の背面攻撃を応用して仁川《じんせん》上陸作戦を断行する。

北朝鮮軍十数万人はソ連戦車T－三四を先頭に北緯三十八度線を越えて韓国領内へ侵攻し、韓国軍を各所で撃退して朝鮮半島南端の釜山《ふざん》に追い詰め、同年八月五日から九月六日にかけて釜山へ激しい攻撃を行った。このときマッカーサーは、釜山で北朝鮮軍の進撃を防戦しつつ、九月十五日に国連軍七万人をソウル近郊の仁川に上陸させる「仁川上陸作戦」を実施。見事成功させて、北朝鮮軍を撃ち崩したうえ、釜山を保った。

仁川上陸作戦は、鍛冶屋が槌を金床に打ちつけるように、釜山が北朝鮮軍主力を引きつける金床の役割を果たし、国連軍七万人が軍艦で敵の背後の仁川に上陸する槌の役割を果たし、北朝鮮軍を壊滅させた「スレッジ・ハンマー作戦（金床作戦）」であった。

一八七七年（明治十年）に黒田清隆が西南戦争で提議した金床作戦は、一九〇四年（明治三十七年）の日露戦争・遼陽会戦における黒木為楨の背面攻撃となり、黒木為楨から背面攻撃の妙技を学んだドイツ軍人ホフマンが一九一四年（大正三年）のタンネンベルク会戦を背面攻撃により勝利へ導いた。そしてタンネンベルク会戦の背面攻撃を学んだマッカーサーが一九五〇年（昭和二十五年）、朝鮮戦争の仁川上陸作戦でスレッジ・ハンマー作戦を成功させた。

黒田清隆が提議した金床作戦は黒木為楨、ドイツのホフマン、アメリカのマッカーサーへと、各国陸軍における極めて優秀な軍人によって継承されたのである。

第三章　奉天会戦の勝因

乃木軍の大活躍により作戦を変更して勝利を得る

◉あらまし◉

奉天会戦は日露陸戦における最後の大会戦で、明治三十八年（一九〇五年）三月一日から三月十日にかけて行われた。両軍あわせて六十二万人の将兵が十日間にわたり満州の荒野で激闘を繰り広げた世界史上まれに見る大会戦である。参加兵力は日本陸軍二十四万九千八百人・大砲九百九十二門。ロシア軍三十六万七千二百人・大砲千二百十九門。ロシア軍は日本軍に対し兵員数において一・四七倍、大砲数において一・二三倍だった。

この会戦を勝利に導いたのは乃木希典大将である。ほかの日本軍がロシア軍の激しい抵抗で前進できないなか、奉天片翼包囲を断行した。

日露戦争における最激戦だった旅順攻略戦と奉天会戦を勝利へ導いた乃木希典は、戦上手ではないが、愚直で真面目な軍人であった。日露戦争を勝利に導いた将軍として世界各国から評価された。

中央突破から両翼包囲へ作戦を変更

遼陽会戦ののち、沙河会戦でも日本軍はロシア軍を破った。そして、奉天まで退却したロシア軍と、最後の激闘を繰り広げることとなる。

満州軍作戦主任参謀の松川敏胤が策定した奉天会戦の当初計画は、

「右翼の黒木第一軍が奉天の東方へ進んで敵を右へ誘引し、左翼の乃木第三軍は奉天の西方へ進んで敵を左へ吸収し、正面を野津第四軍・奥第二軍が中央突破する」

という『中央突破作戦』で、総攻撃は明治三十八年三月一日から開始された。

しかし総攻撃二日目の三月二日、右翼の黒木第一軍の攻撃は停滞。正面の野津第四軍は沙河堡《さかほ》と万宝山《まんぽうざん》を攻撃したが激しい銃砲撃を浴び攻撃は頓挫。順調に進撃したのはロシア軍を西方へ誘引した左翼の乃木軍だけだった（図11）。

そもそも満州軍総司令部は、

「奉天会戦では乃木軍に期待しない」

と言い、乃木軍はロシア軍を左へ誘引するオトリの脇役を要求されただけである。

だから乃木軍は兵員も小銃も少なく重砲（口径十五センチ以上の榴弾砲および口径十センチ以上のカノン砲のこと）もあたえられなかった。このとき乃木軍の参謀・津野田是重《つのだこれしげ》

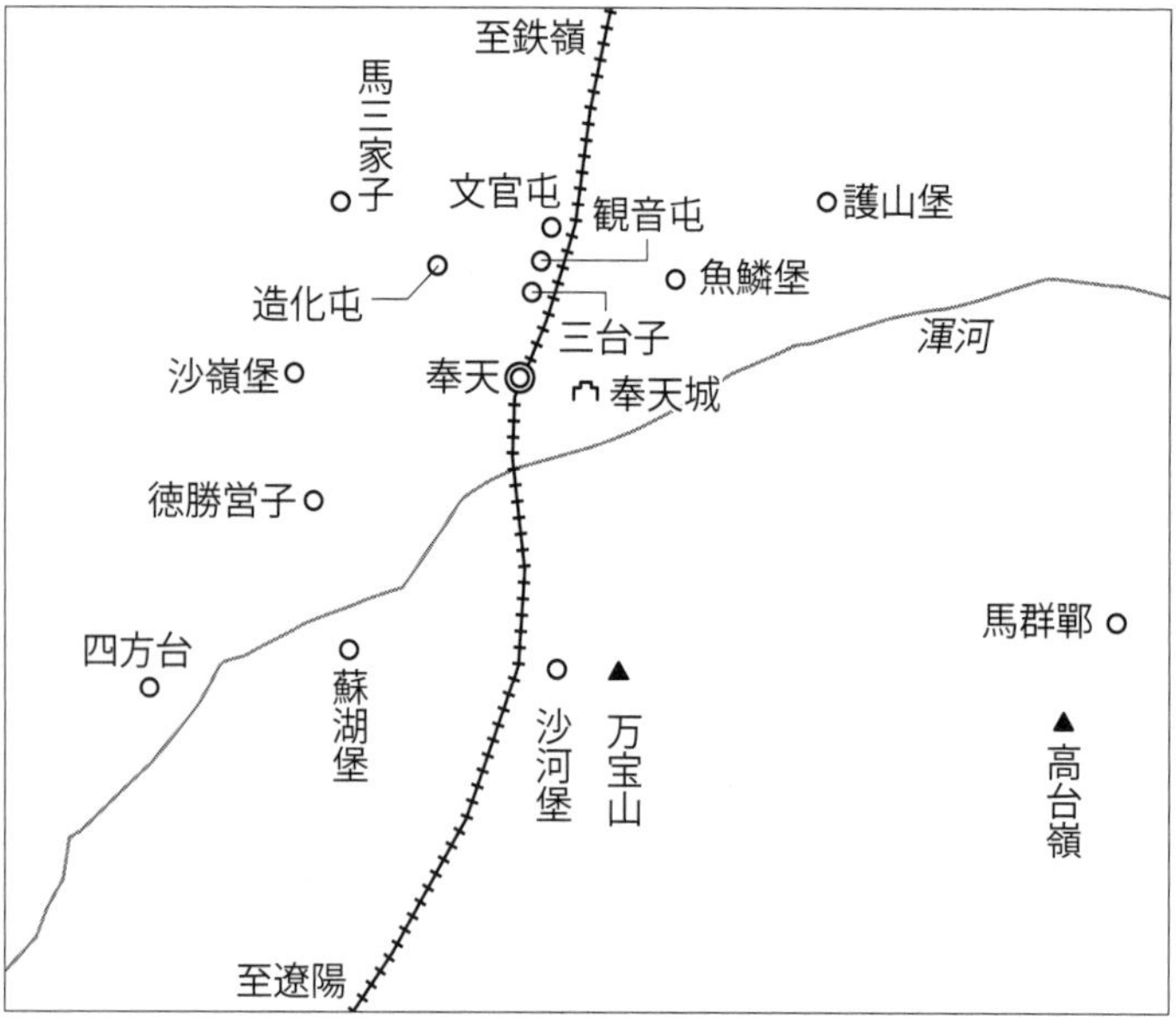

至鉄嶺
馬三家子
文官屯
観音屯
護山堡
造化屯
魚鱗堡
三台子
渾河
沙嶺堡
奉天
奉天城
徳勝営子
馬群鄲
四方台
蘇湖堡
沙河堡
万宝山
高台嶺
至遼陽

図 11：奉天会戦要図

が松川敏胤作戦主任参謀に、

「もっと兵力をもらいたい」

と要望したが、松川敏胤は、

「乃木第三軍には期待していない。乃木軍は、なるべく多くのロシア兵を西方に引きつければよいのだ。そうすればロシア軍の正面が薄くなるから、満州軍主力の野津第四軍・奥第二軍がロシア軍の中央を突破する作戦なのだ」

と言って乃木軍への兵員増加・重砲供与を認めなかった。

乃木軍はこのような不充分な兵力のなか、オトリの役割を立派に果たしたのである。

結局、三月二日、正面の野津第四軍が前進できず『中央突破作戦』は挫折したので、三月三日午前零時頃、松川敏胤作戦主任参謀は『中央突破作戦』を撤回し、新計画を、

「当初はオトリの脇役を演じる予定だった左翼の乃木第三軍を主役へ格上げし、奉天を西方から包囲する。右翼の黒木第一軍も奮発して奉天を東方から包囲する」

との『奉天両翼包囲』へ変更した。

乃木軍、奉天片翼包囲へ作戦を意欲的に発展

松川敏胤は満州軍参謀部における至高の名参謀であったが、この『奉天両翼包囲』もう

まくいかなかった。ロシア軍が強すぎて、三月三日～五日、右翼の黒木第一軍がさっぱり前進できなかったからである。結局、勇猛果敢に前進したのは左翼の乃木軍だけだった。

乃木大将は、三月六日夜、右翼の黒木第一軍が進撃できないのを見て、松川敏胤の『奉天両翼包囲』もうまくいかないと悟り、奉天包囲を、

「左翼の乃木第三軍が、奉天の西方からロシア軍の背後をまわりこんで奉天―鉄嶺《てつれい》の鉄道線路を遮断し、ロシア軍の退路を断つ『奉天片翼包囲』」

へ、作戦を意欲的に発展させた。

このことを理解した敵将クロパトキンは、鉄道線路を守るべく、ロシア軍正面から大兵力を引き抜き、乃木軍が迫る鉄道線路の西側へ集中させた。このため乃木軍とロシア軍は鉄道線路の攻防を巡って大激突となる。

日本陸軍が期待した主力部隊は、歴戦の戦上手と評される黒木為楨の第一軍、奥保鞏の第二軍、野津道貫の第四軍だった。

しかし世界最強のロシア陸軍が横綱なら、日本陸軍は前頭《まえがしら》ほどの実力なのだから、一筋縄ではいかない。そこで日本陸軍は、異色の存在として、戦下手だが愚直・真面目がとりえの乃木を軍司令官に交えた。乃木は戦下手と評され、中将まで昇進したものの予備役へ編入され、一度陸軍を去っていた。しかし日露開戦となったので大将・第三軍司令官とし

て現役に復帰した。

乃木軍は戦闘部隊としてはさして期待されず、裏方とも補欠ともいえる地味な役割をあてがわれたのだが、乃木はあたえられた地味な裏方仕事をこなしただけでなく、さらに旅順を攻略し、最後の大激戦となった奉天会戦を勝利へ導く立役者となるのである。

乃木の自発的意欲に依存した児玉源太郎

雲霞《うんか》のごとき敵中へ単独で猛進する乃木軍に、さらなる苦難が待ちうけていた。

乃木軍の金沢第九師団が、三月七日、造化屯《ぞうかとん》で停滞してしまったのだ。

総参謀長・児玉源太郎は、期待の野津第四軍・奥第二軍・黒木第一軍がさっぱり成果をあげないため、乃木軍による西方からの『奉天片翼包囲』を熱願し、午後三時三十分、乃木軍参謀長・松永正敏《まつながまさとし》（旅順攻略後に着任）を電話口へよびだし、

「何をグズついておるかッ！　乃木に猛進を伝えよッ！　軍司令部も前へ出よッ！」

とどやしつけた。

これは児玉の乃木に対する甘えである。本来なら児玉は乃木に、

「ご無理なお願いですが、主力の野津道貫・奥保鞏・黒木為楨のクリーンアップがさっぱり打てないので、何とか出塁してください。いまや乃木君に頼むしかないんです」

と、お願いすべき話なのだ。

乃木大将は児玉源太郎の要望を受けると、まっしぐらに前進し造化屯の最前線に乃木軍司令部を開設した。前線が近く、砲弾が至近で爆裂し、乃木大将の部屋にピシピシと着弾する危険な状況だったが、金沢第九師団は奮い立ち、午後七時頃、造化屯を占領した。

すると児玉源太郎は乃木大将をさらに督戦《とくせん》するため、午後八時二十分、

「乃木軍が大迂回して戦局を打開すべきなのに、乃木軍の行動が緩慢なのは遺憾である」

と、総司令官名で叱責した。日露戦争を通じてこのような叱責を受けたのは乃木大将だけである。まるで「乃木大将は無能」と指弾しているようなものだ。

しかし野津第四軍も黒木第一軍もまったく戦果をあげないから、乃木大将が発奮し作戦を『奉天片翼包囲』へ自発的に発展させたのであって、これは乃木大将の自発的決断であり苦渋の選択である。それにもかかわらず児玉源太郎は、乃木大将の自発的攻撃意欲にすっかり依存して、乃木第三軍だけに無理難題を押しつけ、督戦し、叱咤した。これは無茶苦茶な話である。

この夜の乃木軍の実情は、

「兵力は著しく減少し、給養・睡眠の不足、寒気と労働の過大が著しく、軍隊の困憊《こんぱい》を来たせり」（参謀本部編纂『明治卅七八年《さんじゅうしちはち》日露戦史』）

という状態だった。だから乃木軍の幕僚らの間で、

「乃木軍を督戦するなら、ほかの軍団にも積極行動をとらせて、乃木軍を支援すべきだ」

との強い憤懣《ふんまん》が噴出した。

しかし乃木大将はただひとり沈思黙考し、乃木軍の将兵は黙々と苦難に耐えた。

主攻を引き受けた乃木軍の激闘

一方、「乃木軍こそ主攻兵力」と見抜いた敵将クロパトキンは、三月八日未明、東部戦線と正面からロシア軍の最大兵力を引き抜いて乃木軍にぶつけた。かくして奉天会戦は乃木軍とロシア軍主力が野戦で雌雄を決する対決となり、乃木軍は苦戦を強いられた。そして黒木第一軍、野津第四軍とも開店休業となった。

奉天会戦で損害を顧みずロシア軍主力と力闘し激闘したのは乃木軍だけである。

乃木大将は、三月八日午前八時、配下の各師団に、

「最も猛烈果敢な攻撃をなすべし」

と命じ、昼頃、金沢第九師団が八家子《はっかし》を占領した。しかし旭川第七師団も東京第一師団も鉄道線路西側の文官屯《ぶんかんとん》・観音屯《かんのんとん》・三台子《さんだいし》を攻略することはできなかった。

すると児玉源太郎は、戦局が膠着《こうちゃく》した午後三時、乃木大将を、

「（大山巌）総司令官は、乃木第三軍の猛烈なる攻撃前進を希望せられあり」

と重ねて督戦し、乃木軍にのみ無理難題を押しつけた。

これはおかしなことである。そもそも満州軍総司令部は、乃木軍に期待しているのはオトリの役目のみとし、乃木軍が要請する兵員増加・重砲供与を拒否したのだから、満州軍司令部に乃木軍を督戦する資格などまったくないのだ。乃木軍の幕僚の間で、乃木軍のみに督戦を重ねる満州軍司令部へ不満をもらす声があがったが、乃木大将はそれを制して攻撃促進を命じた。しかし金沢第九師団も旭川第七師団も東京第一師団も前進できなかった。

奉天占領、終戦

児玉源太郎は、三月九日午後四時頃、これまで戦果をあげていない野津第四軍に、

「野津第四軍は速やかに前進し、鉄道線路東側十五キロの魚鱗堡《ぎょりんほ》へ進撃すべし」

と命じた。しかしロシア軍があまりにも強固で、野津第四軍も前進は困難だった。

一方、敵将クロパトキンは、野津第四軍と乃木第三軍の鉄道線路遮断により退路を断たれる事態を懸念し、午後五時三十分、ロシア軍全軍に総退却を命じた。

三月十日午前三時。児玉源太郎総参謀長は、乃木第三軍参謀長・松永正敏を電話で、

「まだ（奉天―鉄嶺の）鉄道を遮断せぬのかッ！　何をしておるッ！」

と叱咤した。重ねて督戦を受けた乃木大将は、配下に払暁攻撃を命じたが、各師団は疲弊し戦力は限界に達し、金沢第九師団も旭川第七師団も東京第一師団も前進できなかった。

乃木第三軍は西側から鉄道線路の手前約五キロまで迫り、野津第四軍は東側から線路の手前約十五キロまで迫ったが、鉄道線路を断ち切ることはできなかった。ロシア軍は頑強に線路を守り、退却するロシア兵で満載の列車が三十分ごとに北上して行った。

奉天城への入城は、三月十日午後五時頃、乃木第三軍に後続してきた奥第二軍が果たした。連日の激戦に疲弊しきった乃木軍は前面の敵を撃破できず、前日と同じく、文官屯―観音屯―三台子を結ぶ線の手前にとどまっていた。そして満州軍総司令部機密作戦日誌は「乃木第三軍の不敏活」と朱書《しゅしょ》にて論難した。しかしこれは満州軍総司令部が、自分たちの作戦指導の失敗を、乃木軍に責任転嫁したものである。

奉天会戦では、主力部隊と期待された黒木第一軍と野津第四軍がまったく戦果を挙げないので、乃木軍がロシア軍の大軍のなかへ錐《きり》をもみ込むような力闘をして勝利を勝ち取ったのであり、この戦の最大の功労者は乃木軍なのだ。

奉天会戦勝利の殊勲を挙げた乃木第三軍は気息奄々《きそくえんえん》となり、乃木軍のあとから安全地帯を歩んできた奥第二軍が奉天入城の栄誉を得たとしても、勝利の栄光は乃木軍にある。

日本陸軍が、並いる戦上手の将軍らのなかに、異色の存在として戦下手だが愚直・真面目の乃木を交え、第三軍を編制したことは慧眼だったであろう。

乃木軍の勝利に、誰といって英雄はいない。上は軍司令官から下は一兵卒まで、愚直と凡庸の団結と献身のたまものであった。


日本陸軍が奉天会戦でロシア陸軍を破った三月十日は、戦前は陸軍記念日だった。

奉天会戦について、旧日本陸軍の軍歌『歩兵の本領』の第六番は、

♪　アルプス山を踏破せし　歴史は古く雪白し　奉天戦の活動は　日本歩兵の粋と知れ

と唄っている。歌詞は陸軍中央幼年学校（のちに陸軍予科士官学校）第十期生だった加《か》藤《とう》明勝《あきかつ》生徒が在校中に作詞したもので、広く愛唱された。

歌詞の「アルプス山を踏破せし」というのは紀元前のカルタゴの名将ハンニバルのアルプス越えのことであり、「奉天戦の活動」とは日露戦争の奉天会戦のことを述べている。

中央幼年学校では世界戦史の講義があった。加藤明勝は、そこで学んだのである。

ハンニバルのアルプス越えとは、紀元前二一八年の第二次ポエニ戦争のとき、陸軍の強いカルタゴ軍が優勢なローマ海軍との海戦を避け、アルプス山脈を踏破して、陸路、イタ

リア半島へ侵入しローマ軍を撃破した戦闘である。古代の戦闘のなかで最も賞賛され、二千年以上経たいまでも軍事研究家の間における評価は高い。

加藤明勝生徒は歌詞で、

「奉天会戦の勝利は、ハンニバルのアルプス越えの快挙に匹敵する世界戦史上の快挙」

と高らかに主張したのである。

乃木希典の復命書

乃木希典は明治三十八年（一九〇五年）十二月二十九日に帰国の途につき、旅順に五日間滞在して砲台などを巡視したあと、明治三十九年一月十四日に東京・新橋駅に帰着した。

国内では乃木の凱旋を歓迎するムードが高まっていたが、乃木は帰国する前から、旅順攻略戦や奉天会戦で多数の部下将兵を戦死させたことに苦悩し、

「戦死して骨となって帰国したい」、「蓑《みの》か笠でもかぶって顔を隠して帰りたい」「日本へ帰りたくない」、「守備隊の司令官にでもなって中国大陸に残りたい」

などと述べ、凱旋後に各方面で催された歓迎会への招待はすべて断った。

乃木は新橋に到着後、宮中に参内し、明治天皇の御前で左記の復命書を奉読した。

「私の第三軍が作戦目的を達成できたのは、陛下のご威光と上級司令部の指導と友軍の協

力のおかげです。十六ヵ月の戦いの間、私の部下将兵は強敵とよく戦い忠義と勇気と戦意の高さを示しました。彼らは従容と死を受け入れ銃弾に斃れる者、敵に斬られ死ぬ者、みな陛下万歳を叫び欣然と死んでいきました。このような忠義と勇気を兼備した将兵を率いながら、旅順攻略に半年の長期を要し多大の犠牲を出し、奉天会戦では敵の退路を遮断できなかったことは誠に申し訳ない次第です。私は今ここに陛下に戦勝をご報告申し上げる幸せをいただきましたが、この光栄を戦死・戦病死した部下将兵と分かつことができないのは誠に悲しいことでございます」

乃木は、復命書を読み上げるうち涙声となった。さらに乃木は明治天皇に、

「自刃して、部下将兵に多数の死傷者を生じたことを償いたい」

と懇請した。しかし明治天皇は、

「いまは死ぬべきときではない。どうしても死ぬというなら、朕が世を去ったあとにせよ」

との旨を述べて乃木を諫《いさ》め、その場は乃木の自決を押しとどめた。

乃木は多くの将兵を死なせたことについて、生涯にわたり苛《さいな》まれつづけ、時間があれば戦死者の遺族を訪問し、

「乃木があなた方の子弟を殺したのです。その罪は死して謝罪すべきですが、他日、私が

一命を国に捧げるときもあるでしょうから、そのとき乃木が謝罪したと思ってください」と語った。

指揮官の覚悟

日露戦争前半のハイライトである旅順攻略を果たし、ロシア軍が降伏したとき、五ヵ月前の旅順第一回総攻撃（明治三十七年《一九〇四年》八月二十一日）で瀕死の重傷を負い、いまなお手は動かず足は立たず、病床に身を横たえたままの善通寺第十一師団・櫻井忠温《さくらいただよし》中尉は、旅順陥落の報を聞いて、

「予は、旅順開城の報を聞くや、喜び極まって泣きたり。また陣没した幾多の戦友を想い起こした。多数の部下を戦場に殺した予は、如何に、その忠魂に謝することが出来ようか？　幾多の同胞を棄て、一人救われて帰りたる予は、何の顔《かんばせ》あって、父老に見《まみ》えることを得るべきか？」（『肉弾』）

と記している。これが戦場に立った指揮官の、部下に対するいつわらざる真情であろう。

また旅順を攻略した乃木軍が北進する前夜、東京第一師団の猪熊敬一郎《いのくまけいいちろう》少尉（戦場での無理がたたり肺結核で二十八歳で病没する）は、

「（一月）十九日は旅順と別れて北進することとなったので、予は、十八日夜、陣没せし

諸戦友に最後の別れを告げるべく、山腹なる戦死者墓地へ急いだ。予は第六中隊墓地なる木村軍曹の墓前にぬかづいた。木村軍曹は最古参の最も勇敢な模範的下士官だったが、名誉の戦死を遂げたのである。予は墓前に立って、『卿は予の小隊戦死者の最古参なり。予に代わりて、予の誠意を戦死の諸友に告げよ。今や、予は、諸君の霊としばし決別させざるべからず。今や、死生異なるといえども、予は、北進の後、諸君のあとを追わざるべからず。南北ところを異にするも、死は一なり。誓って国難に殉ぜん。諸君、予を待たれよ』。言い終わって悌泣《ていきゅう》（涙を流すこと）を久しうした」（『鉄血』※（　）内は著者注）

と述べている。

部隊指揮官は「指揮官先頭の原則」といって、部下将兵に率先して最も危険な陣頭に立ち、率先して戦い、部下将兵と生死をともにするのである。指揮官が「指揮官先頭の原則」を放擲《ほうてき》して部下将兵に死を強要したうえ、自身は生き残り、「一将功成りて万骨枯る（部下は犠牲になるだけで、司令官が功績をものすること）」というのでは、軍隊は成り立たない。

太平洋戦争のとき神風特攻隊は形式志願・実質強制だった。この神風特攻隊を創始・推進した大西滝治郎《おおにしたきじろう》中将は、終戦翌日の昭和二十年（一九四五年）八月十六日午前二時頃、渋谷南平台《なんぺいだい》の官舎で割腹自決した。大西は腹を十字に切り、頸と胸を刺したが、死にきれ

なかった。官舎の使用人が発見し軍医が駆けつけたが、大西は軍医に、

「生きるようにはしてくれるな」

と言って介錯と延命処置を拒み、苦悶のすえ夕刻に死去した。享年五十五歳。遺書は、

「特攻隊の英霊に申す。善《よ》く戦いたり、深謝す。最後の勝利を信じつつ、肉弾として散花せり。しかれどもその信念は遂に達成し得ざるに至れり。吾《われ》、死を以って旧部下の英霊とその遺族に謝せんとす」

というものである。ここに天皇への言葉はない。神風特攻隊を創始・推進した大西は、特攻の隊員らとともに死を致《いた》したのだろう。


乃木軍が旅順を攻めあぐねた明治三十七年（一九〇四年）十一月頃、東京第一師団お膝元の東京の街では、戦死の通知を受けて黒布つき国旗を掲げる家庭が異常に増加し、補充兵の召集が絶え間なく、若い男子が減って人力車の車夫は老人ばかりとなった。「乃木切腹」「乃木辞任」を要求する文書は二千四百余通にのぼり、乃木の留守宅に投石や罵声を浴びせる市民の数が増えた。十一月十七日朝には、一人の青年将校が、乃木邸の門前に立ち、

「乃木のノロマめ。何をまごついておるかッ！　我々が兵隊をつくってやれば、片っ端か

ら殺しおって。自分は武士だ、侍だ、と豪語するくせに、いまなお生きておるではないか。真の武士なら潔く切腹せよッ！」

と叫んだ。静子夫人は、その夕刻、東京を離れ、翌日未明に伊勢神宮へ参拝して、

「私ども夫婦の生命と引き換えに、旅順を陥落させてほしい」

と祈願した。

明治天皇が崩御され、大正元年（一九一二年）九月十三日に陸軍練兵場（現在の明治神宮外苑）で大喪の礼が行われた。乃木夫妻は、この日午後八時頃、自刃した。乃木夫妻の自決は、静子夫人が十一月十八日未明に伊勢神宮へ参拝したときの願文により定められた既定路線だったであろう。

乃木の自決は天皇への殉死であるとともに、天皇から延期するよう諭された伊勢神宮への願文の実行であり、さらには旅順戦・奉天会戦で斃れた部下将兵のあとを追ったものだったのではあるまいか。

第四部　日本海海戦と第一次世界大戦

第一章　日本海海戦（日露戦争）の勝因

「平時にこそ有事に備えた」将の勝利

◉あらまし◉

日露戦争（明治三十七年《一九〇四年》～三十八年）の終盤において、満州平原で連勝を重ねる日本陸軍にとってのアキレス腱は、日本本土から朝鮮半島を経て、満州へ兵員・物資を輸送する海上の安全面だった。

そのためロシアは、日本海の海上交通を遮断して満州の日本陸軍を干上がらせたのち、ロシア陸軍が逆襲に転じることをもくろみ、バルチック艦隊がラトビアのリバウ軍港を出航。日本海へ入り、明治三十八年五月二十七日に日本海海戦となった。

連合艦隊司令長官・東郷平八郎《とうごうへいはちろう》は海戦前の猛訓練により、砲の命中精度を向上させたうえ、バルチック艦隊の前方を阻むようにT字形の陣形を完成させてこれを撃破。夜間に入ると駆逐艦、水雷艇などの追撃によりバルチック艦隊を全滅させた。

アメリカの仲介によりポーツマス条約が結ばれ、日露戦争の講和が成立した。

のちに東郷平八郎のT字戦法はアメリカ海軍に継承され、日本は太平洋戦争で苦杯をなめることになる。

バルチック艦隊、対馬海峡に現れる

日本海軍が対馬海峡でバルチック艦隊の発見に努めていた五月二十七日未明、哨戒船信濃丸《しなのまる》が夜が白みつつあった朝靄《あさもや》のなかにバルチック艦隊を発見し、連合艦隊に、「敵艦隊らしき煤煙《ばいえん》を見ゆ。ときに午前四時四十五分」と伝えた。東郷平八郎は午前五時〇五分頃、「敵艦見ユトノ警報ニ接シ、連合艦隊ハ直《ただち》ニ出動、之《これ》ヲ撃滅セントス。本日天気晴朗ナレドモ浪高シ」と大本営あてに打電した。これは、「視界は良いが波が高く軍艦の動揺が激しいから、射撃精度の高い日本海軍が有利」との含意である、とされる。

連合艦隊は抜錨《ばつびょう》し鎮海湾《ちんかい》（朝鮮半島南端の軍港）を出て、戦艦を中心とする第一戦隊（戦艦「三笠《みかさ》」「敷島《しきしま》」「富士《ふじ》」「朝日《あさひ》」、巡洋艦「春日《かすが》」「日進《にっしん》」）と快速の巡洋艦からなる第二戦隊（巡洋艦「出雲《いずも》」「吾妻《あづま》」「常磐《ときわ》」「八雲《やくも》」「浅間《あさま》」、「磐手《いわて》」）のあとに、第四戦隊（巡洋艦「浪速」「高千穂《たかちほ》」「明石《あかし》」「対馬《つしま》」）が続き、決戦場へ急いだ。第三戦隊（巡洋艦「笠置《かさぎ》」「千歳《ちとせ》」「音羽《おとわ》」「新高《にいたか》」）は哨戒船信濃丸などとともに、前方で哨戒にあたってい

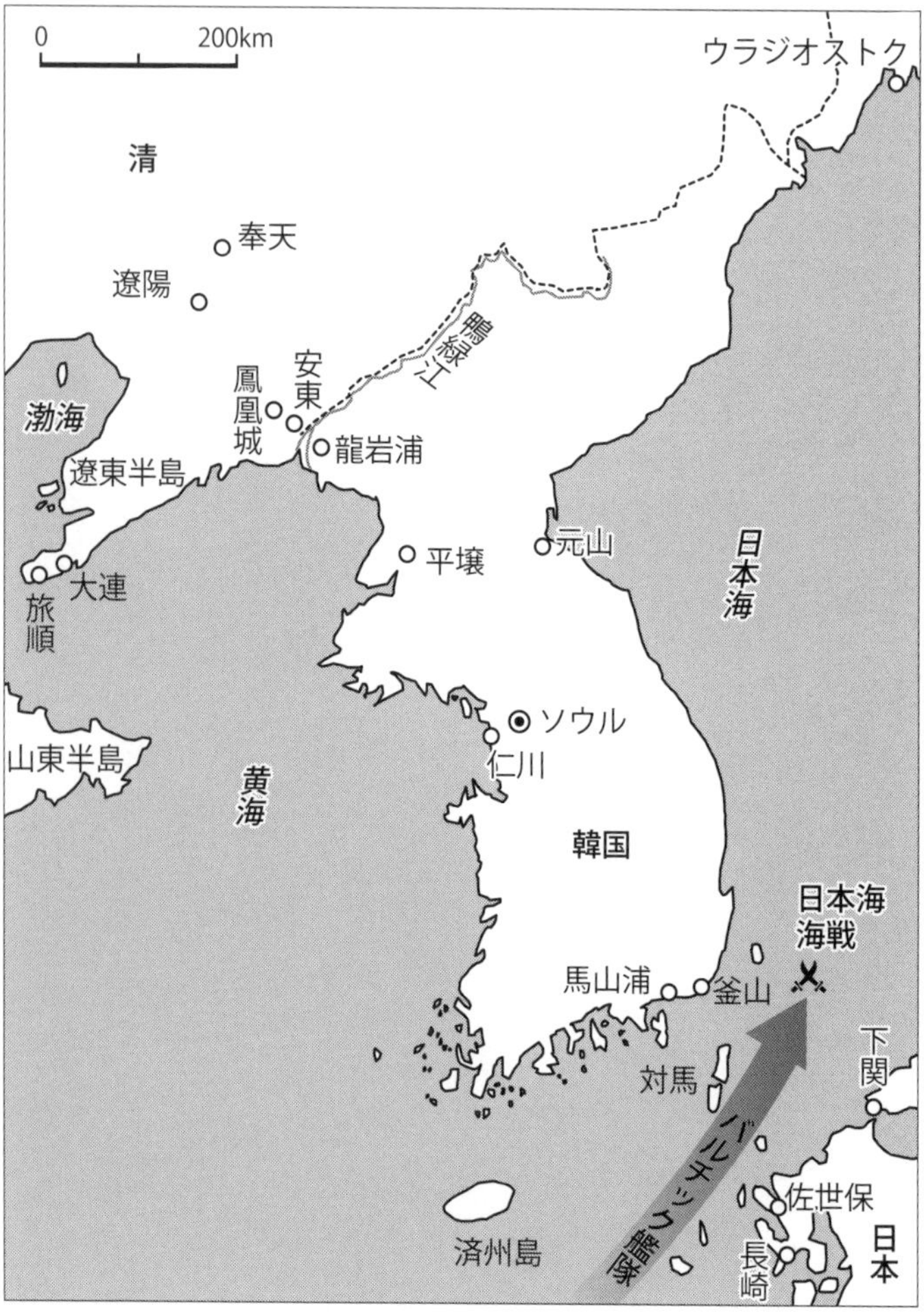
0
200km
ウラジオストク
清
奉天
遼陽
渤海
鴨緑江
安東
鳳凰城
龍岩浦
遼東半島
元山
平壌
大連
旅順
日本海
ソウル
仁川
山東半島
黄海
韓国
日本海海戦
馬山浦
釜山
下関
対馬
バルチック艦隊
佐世保
日本
長崎
済州島

図 12：日本海海戦要図

た（図12）。

第一戦隊は砲戦力に、第二戦隊は機動力に優れた連合艦隊の主戦力であり、単縦陣をとって敵艦隊主力を撃破することとした。これに対するバルチック艦隊の主力は、おのおの戦艦が率いる第一戦艦隊、第二戦艦隊、第三戦艦隊であった。

東郷ターン

先頭を航行した連合艦隊の旗艦「三笠」は、午後一時三十九分、南西にバルチック艦隊を視認した。このとき両艦隊の距離は約一万三千メートルだった。東郷平八郎は、午後一時五十五分、「三笠」にZ旗を掲げ、

「皇国ノ興廃、此《こ》ノ一戦ニアリ。各員一層奮励努力セヨ」

と示達した。Z旗とは、もはやあとのない最後の決戦、という意味である。

バルチック艦隊は第一戦艦隊（戦艦「スワロフ」「アレクサンドル三世」「ボロジノ」「アリヨール」）が先行し、その左に第二戦艦隊（戦艦「オスラビア」「シソイウェリキー」「ナワリン」）、巡洋艦「ナヒモフ」）、さらにその後方に第三戦艦隊（戦艦「ニコライ一世」、海防艦「アブラクシン」「セニャーウィン」「ウシャーコフ」）が続いていた。

東郷平八郎は参謀長・加藤友三郎《かとうともさぶろう》少将、砲術長・安保清種《あぼきよかず》少佐をともなって艦橋に立ち、

東郷平八郎

幕僚らを最も安全な「三笠」の司令塔内へ移動させ、自分が戦死した場合の指揮権継承を定めたうえ、烈風ふきすさび飛沫《しぶき》の舞いあがる艦橋に立った。艦橋は敵弾が集中する最も危険な場所だ。東郷平八郎は左手で指揮刀の柄《つか》を握り、両足をわずかに開いた姿勢で立ちつくし、身じろぎもしなかった。東郷平八郎は、かりに自分が敵弾をうけて戦死しても、安全な司令塔内の幕僚らが「三笠」の針路を保持し、かりに「三笠」が沈没しても後続艦が針路を保持して進み、T字の陣形を完成させるよう指示し、バルチック艦隊を全滅させることを狙った。

日露両艦隊の距離が次第に近づくと、焦燥感にかられた安保清種砲術長が、

「もう八千五百メートルでありますが……（砲撃しなくてよろしいのですか？）」

と思わず声を発した。八千五百メートルは大砲の有効射程距離内である。

しかし東郷は無言だった。さらに距離が近づくと、安保砲術長は潮風に声をかき消されぬよう大声で、

「もはや八千メートルになりましたッ！　左舷右舷、どちらで戦うのですかッ！」

と叫んだ。その刹那《せつな》、東郷は無言のまま右手を高く掲げるや左方へ大きく半円を描いた。左側へ急転せよ、という意味である。参謀長・加藤友三郎少将はすかさず、

「取り舵《かじ》いっぱい」

と下命した。ときに午後二時〇五分。距離八千メートル。いままさに撃ち合いが始まるというとき、大砲の有効射程距離内において舵をきり、艦隊の針路を大きく変えたのである。「三笠」は左方向へ急転し、後続の戦艦「敷島」「富士」「朝日」、巡洋艦「春日」「日進」が続き、さらに第二戦隊も続いた。

これは東郷ターンとよばれる敵前大回頭で、敵に横腹をさらして敵の先頭を圧迫する「T字戦法」である。これが完成すれば、各艦の艦砲が一斉に敵の先頭艦に集中砲火を浴びせて撃破する必殺の戦法となる。しかし艦隊が大回頭を行っている約十五分間はまったく無防備だから、敵艦の砲撃を受ければ、こちらが全滅しかねない捨て身の戦法でもあった。

連合艦隊の敵前大回頭を見たバルチック艦隊は、

「東郷の馬鹿が、世界海戦史上ありえない、ヘマをやらかしたぞ」

と大いに喜び大勝利を確信して、距離七千メートルになった午後二時〇八分、第一戦艦隊の旗艦「スワロフ」が先頭の「三笠」を狙って初弾を砲撃。これを口火に、バルチック艦隊の全艦が砲撃を開始した。「三笠」には午後二時十分に六インチ砲弾が命中し、無線電信線が破断した。（こののちこれを含めて午後二時二十分までに「三笠」には六インチ砲弾等十二発が命中したが、この間、ほかの日本軍艦は一発も被弾しなかった）。

撃ち返さず満を持した連合艦隊は、距離六千四百メートルとなった午後二時十分、「三笠」が第一戦艦隊の旗艦「スワロフ」に初弾を放った。これを機に、「三笠」に続いて回頭を終えた各艦が第一戦艦隊の旗艦「スワロフ」と第二戦艦隊の旗艦「オスラビア」に集中砲撃を浴びせ、命中させた。

全艦が回頭を終えて横一線に並んだ午後二時二十分頃になると砲撃戦はますます苛烈になり、「三笠」の砲弾は次々に命中し、

「我ガ弾着、頗《すこぶ》ル良好ニシテ、命中頻々。快《かい》を極む」（『戦闘詳報』）

という状況となった。

正確な砲撃を生んだ安保砲術長の鼓舞

安保清種砲術長は、弾薬庫・ボイラー室・機関室など艦内にいて戦闘状況のわからない兵員を鼓舞するため、伝令を走らせ戦況を伝えた。ロシア語の艦名は兵員にとって覚えにくいのであだ名をつけ、「ボロジノ」は「ボロ出ろ」、「アリヨール」は「蟻寄《あり》る」、「オスラビア」は「押すとピシャ」だった。安保砲術長は伝令を通じて艦内の兵員に、

「いまの十二インチ弾は『ボロ出ろ』（ボロジノ）に当たったぞ」

「いま撃った十二インチ弾は『蟻寄る』（アリヨール）に命中したぞ」

「いま、『押すとピシャ』（オスラビア）が沈みつつあるぞ」

などと伝えて、艦内の兵員の士気を鼓舞したのである。

　連合艦隊の砲撃は正確だった。旗艦「スワロフ」と「オスラビア」は集中砲火を浴びて火災を起こし、もうもうたる黒煙を吹きあげた。とくに「スワロフ」は艦上構造物をことごとく破壊されて巨大な鉄屑と化し、舵を損傷してぐるぐると右旋回を続けるようになって脱落。バルチック艦隊の陣形は大きく崩れた。

　脱落した旗艦「スワロフ」に代わって、第一戦艦隊の二番艦「アレクサンドル三世」（呆《あき》れ三太）」が先頭に立った。この頃から安保清種砲術長の号令は、どんどん簡略化され、

「目標ッ！　呆れ三太（アレクサンドル三世のこと）ッ！　距離五千八百ッ！　撃てッ！」

という具合になった。

　両艦隊の距離がますます縮まり距離四千六百メートルの接近戦になると、連合艦隊の砲撃の命中率は一段と高まり、第一戦艦隊の旗艦「スワロフ」、第二戦艦隊の旗艦「オスラビア」および第一戦艦隊の二番艦「アレクサンドル三世」に大火災が発生した。

　砲撃戦が始まってから最初の約三十分間でバルチック艦隊の主力艦は多数の命中弾を受けて火災を発生し、破壊の度を深め、急速に戦闘力を失っていった。午後二時五十分、艦

内の各所で火災を起こした第二戦艦隊の旗艦「オスラビア」は戦列から離脱。この三十分間の砲戦でバルチック艦隊に沈没艦はなかったが、ほとんど戦闘力を失い勝敗は決した。

バルチック艦隊は隊列が乱れ四分五裂となり、第二戦艦隊の旗艦「オスラビア」は午後三時〇七分に沈没。第一戦艦隊の二番艦「アレクサンドル三世」は午後七時頃に沈没した。

戦果を拡大した追撃戦

日没を迎えた午後七時十分、東郷平八郎は砲撃中止命令を下した。

不動の姿勢を保って指揮をとっていた東郷が動いたとき、波飛沫でびしょ濡れとなった艦橋の床の東郷が立っていた位置に、靴の形をした乾燥部分がくっきりと残っていた。

第一戦隊と第二戦隊の五月二十七日の戦闘で、損害が最も大きかったのが第一戦隊の旗艦「三笠」で被弾三十二発・死傷者百十三人、次いで第二戦隊の二番艦「吾妻」で被弾十六発・死傷者四十人だった。

日没後の夜間戦闘は、海が大荒れのため、海上で待機していた水雷艇三十六隻と駆逐艦二十一隻による追撃戦となった。これら小艦艇は、

「バルチック艦隊の一艦たりとも、ウラジオストクへ逃げ込むことを許さない」

との固い決意のもと、濛気《もうき》が月明りをさえぎり海霧《うみぎり》がおおう暗黒の激浪の海で敵艦に接

近し、至近距離へ迫って魚雷を放った。

日清戦争（明治二十七年《一八九四年》～二十八年）の黄海海戦のとき、連合艦隊は清国の巡洋艦「経遠」、「致遠」などを沈没させたが、戦艦「定遠」、「鎮遠」など主力艦は旅順湾へ逃げ込んでしまい、全滅させることはできなかった。

このたびの日露戦争・日本海海戦の最初の三十分間でも、バルチック艦隊を撃破し戦闘力を奪ったが、全滅させることはできなかった。だから追撃戦が必要だったのだ。

東郷が砲撃中止命令を下した直後、火災を起こし火焔が全艦をなめまわしていた戦艦「ボロジノ」が、午後七時二十三分、大爆発を起こして沈没した。

こののち富士本梅次郎《ふじもとうめじろう》少佐の指揮する第十一艇隊（水雷艇第七十二号、第七十三号、第七十四号、第七十五号）が、大破し気息奄々となって漂流する第一戦艦隊の旗艦「スワロフ」に距離三百メートルに迫って魚雷三本を命中させ、午後七時三十分に撃沈した。

駆逐艦は、サーチライトを照射し四十七ミリ砲弾を撃ってくる敵艦に距離約四百メートルまで接近し、魚雷を放った。戦艦「ナワリン」は破孔による浸水で艦尾が沈下したまま漂流していたところ、同日深夜、艦尾と右舷などに四発の魚雷を受け沈没した。

翌二十八日も、引き続き残敵掃討戦となった。

早朝から索敵を行った連合艦隊の第一戦隊と第二戦隊は、午前九時三十五分、戦艦「ニコライ一世」が戦艦「アリヨール」、巡洋艦「イズムルード」など四隻を従え隊列を組んでウラジオストクへ逃走中だったのを発見した。両艦隊は距離八千メートルを切った午前十時三十六分から砲撃戦を開始したが、「ニコライ一世」は午前十時三十七分に白旗を掲げ砲撃を中止した。しかし両艦隊の砲撃戦はむしろ激化し、両艦隊の距離が七千メートルになった午前十時四十分、「三笠」は「ニコライ一世」を砲撃した。これに心を痛めた作戦参謀・秋山真之《あきやまさねゆき》中佐が、東郷に、

「長官ッ！　敵は降伏しております。武士の情けであります。砲撃をやめてくださいッ！」

と、大声で詰めよった。しかし東郷は冷静で、

「本当に降伏すっとなら艦を停止せにゃならん。敵はまだ前進しちょるじゃないか」

と言った。このときロシア艦隊は大砲の筒先を日本艦隊に向けたまま前進しており、戦時国際法で定められていた「機関停止」をしなかった。だから連合艦隊は砲撃を続けたのである。

これに気づいた「ニコライ一世」が午前十時五十三分に機関を停止すると、連合艦隊は砲撃を中止し、拿捕した（「ニコライ一世はのちの日本海軍の戦艦「壱岐《いき》」となる）。このとき戦艦「アリヨール」も拿捕した（これはのちの日本海軍の戦艦「石見《いわみ》」）。しかし降伏旗をかかげた巡洋艦「イズムルード」は機関を停止せず、隙を見て、脱兎のごとき高速で

ウラジオストクへ向けて逃走したので、連合艦隊はこれを取り逃がしてしまった。秋山真之作戦参謀の温情論は、軍人として脇が甘すぎたのである。

大破し漂流していた戦艦「シソイウェリキー」は、午前十一時頃、対馬周辺で沈没した。

バルチック艦隊三十八隻のうち、撃沈・自沈等二十一隻（うち戦艦六隻撃沈）、捕獲・武装解除等十三隻（うち戦艦二隻捕獲）、ロシア領へたどりついたもの四隻であった。

連合艦隊解散の辞

日露戦争がポーツマス条約締結（明治三十八年《一九〇五年》九月五日）により終戦となって三ヵ月後の十二月二十一日、戦時編成だった連合艦隊を解散し平時編成に戻すため、解散式が行われた。連合艦隊を率いた東郷平八郎がこのとき左記の「連合艦隊解散の辞」を読みあげた。

「戦いも過去のこととなり連合艦隊は解散することになったが、海軍軍人の務めや責任が軽減することは決してない。この戦争で収めた成果を生かし、さらに国運をさかんにするには、平時・戦時の別なく万全の海上戦力を保持し、ひとたび事あるとき、ただちに危急に対応できる構えが必要である。

わが海軍の勝利は将兵の平素の練磨によるものである。武人の一生は戦いの連続であって、事がおきれば戦力を発揮するし、事がないときは戦力の涵養《かんよう》につとめ、ひたすらその本分を尽くすことにある。もし武人が太平に安心して目の前の安楽を追うなら、兵備の外見がいかに立派でも砂上の楼閣《ろうかく》のようなもので、ひとたび暴風にあえばたちまち崩壊してしまうであろう。われら戦後の軍人は、ひたすら奮励し万全の実力を充実して時節の到来を待つならば、永遠に護国の大任を全うすることができるであろう。

神は平素ひたすら鍛練に努めた者に勝利の栄冠を授け、一勝に満足し太平に安閑としている者からは栄冠を取り上げるであろう。昔のことわざも教えている。『勝って、兜《かぶと》の緒を締めよ』と」（『連合艦隊解散の辞』）

このように、訓示は国家における海軍の重要性を説き、さらに海軍および海軍軍人が平時においても有事に備えることを忘れない心構えの大切さを示していた。

当時のアメリカ大統領セオドア・ローズヴェルトはこの訓示に感銘を受け、英訳文をアメリカ海軍の将兵に配布した。東郷平八郎が日本海軍軍人に切々と訴えた思いを継承したのは、日本海軍ではなくアメリカ海軍だったのだろうか。

阿波沖海戦の教訓

東郷平八郎は、

「百発百中の砲一門は、百発一中の砲百門に勝《まさ》る」

と述べ、日本海軍はこの言葉を合言葉に「月月火水木金金」の猛訓練に励んだ。理屈からいえば「勝る」というより「等しい」というべきであろうが、ここには東郷のある種の気迫が込められていたように思える。このことを東郷は、

「戦力は艦船・兵器など有形の物や数だけで定まるのではなく、これを活用する能力すなわち無形の実力にも左右される。百発百中の砲一門は、百発打っても一発しか当たらない砲の百門と対抗することができる。だから軍人は訓練に主点を置き、無形の実力を充実しなければならない」（『連合艦隊解散の辞』）

と説明している。

これを日本海軍の悪しき精神主義・非科学性と批判する向きもあるが、東郷の真意は、「レーダー射撃のない時代、敵の砲弾をうけて自身が戦死する不安を抱えながら、激浪の海上で激しく揺れ動く軍艦上から敵艦を砲撃しても、なかなか命中するものではない」という若い頃の実戦経験に裏打ちされたものだったであろう。

戊辰戦争のとき、薩摩藩士の東郷平八郎は三等砲術士官として軍艦「春日丸《かすがまる》」に乗り組んでおり、慶応四年（一八六八年）一月四日、幕府軍艦「開陽丸《かいようまる》」と交戦した。これは日本史上初の蒸気軍艦同士の近代的海戦で、阿波沖《あわおき》海戦とよばれる。「春日丸」が、「開陽

春日丸の乗組員たち。後列右が東郷平八郎

丸」の封鎖する大坂湾へ入ったところ両艦が遭遇して、砲撃戦となったのである。「春日丸（一〇一五トン、大砲六門。速力十六ノット）」は、慶応三年（一八六七年）に薩摩藩がイギリスから購入した木造外輪船。幕府軍艦「開陽丸（二八一七トン、大砲二十六門。速力十ノット。指揮官・榎《えの》本《もと》武《たけ》揚《あき》）」はスクリュー船だった。

この戦いで最新鋭の開陽丸は劣弱な春日丸を追撃し、距離千二百～千五百メートルで二十五発の砲弾を撃ち、春日丸は開陽丸に十八発を撃ったが、いずれも命中せず、この海戦における死傷者は双方皆無だった。

春日丸は開陽丸よりも速力が速かったので、無事、鹿児島へ逃げのびることができた。

若き三等砲術士官・東郷平八郎が阿波沖海戦の実戦体験で会得《えとく》したことは、「艦砲はめったに当たるものではない。軍艦は、戦うにせよ逃げるにせよ、快速であることが最も重要」

という戦訓だったのである。

日本海軍が、日清戦争の豊島沖《ほうとうおき》海戦のときも、日清戦争の黄海海戦のときも、またこのたびの日本海海戦でも、初弾を撃たず、敵艦隊に初弾を撃たせたのは、

「初弾は当たらない。少しでも距離を詰めたうえ応射して命中弾を撃ち込んだほうが得策」

という実戦上の理由からである。すなわち、ありていにいえば、

「肉を切らせて骨を切る」

ということだったのだ。

東郷を神格化した日本海軍、超えると誓ったアメリカ海軍ニミッツ

東郷は日本海海戦の完勝により国内外で英雄視され、「アドミラル・トーゴー」とか「東洋のネルソン（イギリス海軍の英雄のこと）」とよばれた。

日本海海戦の勝利は、帝政ロシアの圧迫に苦しんでいたオスマン・トルコでも大いに喜ばれ、東郷はトルコにおける国民的英雄となった。トルコで生まれた子どもらのなかにはトーゴーと名づけられた者もおり、「トーゴー通り」という街路もあったという。

また東郷がラベルとなったフィンランド産ビールが、昭和四十六年（一九七一年）から

平成四年（一九九二年）まで販売された。これは東郷（日本）、ネルソン（英国）、マカロフ（ロシア）、ロジェストヴェンスキー（ロシア）など世界的に有名な提督六名の六種類のラベルをはった提督ビール・シリーズのひとつで、「東郷ビール」とよばれて愛飲されたという。

東郷は、昭和九年（一九三四年）に満八十六歳で死去すると、イギリスでは「東洋のネルソンが亡くなった」、ドイツでは「東洋のティルピッツ（第一次世界大戦時のドイツ海軍の英雄）が逝去した」と、自国の海軍の英雄になぞらえて哀悼された。

東郷の遺髪は、江田島《えたじま》の海軍兵学校（現・海上自衛隊幹部候補生学校）に安置され、海軍兵学校生徒の崇拝を集めた。日本海軍は東郷を神格化したのである。

太平洋戦争中に日本海軍と戦ったアメリカ太平洋艦隊司令長官ニミッツ元帥は、軍歌「比島《ひとう》（フィリピンのこと）決戦の歌」で、

♪　いざ来いニミッツ、マッカーサー。出てくりゃ地獄へさか落とし。

と歌われた日本海軍の仇敵《きゅうてき》である。このニミッツが、生涯、海軍軍人として尊敬したのが東郷平八郎だった。

ニミッツは自伝に、

「士官候補生として東京湾に寄港した明治三十八年、日本海海戦の戦勝祝賀会に招待され、東郷とテーブルをともにして会話し感銘を受けた」

と記している。士官候補生ニミッツは名将東郷を尊敬し、東郷を上回る名将になると誓ったのだ。

すなわち太平洋の覇権を争った太平洋戦争の海戦は、名将東郷を崇拝・神格化して東郷の肉眼射撃の戦法を墨守《ぼくしゅ》した日本海軍士官と、名将東郷を尊敬すれども神格化せず、東郷を上回る名将になることを期したニミッツらアメリカ海軍士官との戦いでもあった。

太平洋戦争でレーダー射撃を浴びた重巡洋艦「青葉」

太平洋戦争におけるガダルカナル島の戦い（昭和十七年《一九四二年》八月七日～）では、アメリカ軍は島内に飛行場を確保して制空権をにぎり、昼間に輸送船団を送り込んだ。日本陸軍は飛行場を奪還するため、兵員・武器・弾薬を海上輸送により搬入する必要があったが、制空権はもうない。そこで、日本海軍の駆逐艦などによる夜間の高速輸送作戦に頼った。日本はこれを鼠《ねずみ》輸送とよび、アメリカはトーキョー・エクスプレスとよんだ。

これに加えて日本海軍は、重巡洋艦が夜間にガダルカナル島沖へ進出して島内のアメリカ軍飛行場を夜間砲撃し、飛行機や燃料や空港設備を破壊したうえ、日の出前に敵空襲圏外へ撤退する夜間砲撃作戦を行った。

同年十月十一日午前六時、ガダルカナル島への兵員・武器・弾薬の搬入のため、水上機母艦（フロートのついた水上飛行機を発進する軽空母のこと）の「日進（速力二十八ノット）」「千歳」が、水上機格納庫に陸軍将兵七百二十八人・上陸用舟艇・重火器・糧食を満載し、駆逐艦六隻に守られてガダルカナル島へ向かった。

またこの六時間後の十一日午前十二時、五藤存知《ごとうありとも》少将を指揮官とする第六戦隊（重巡洋艦「青葉《あおば》（速力三十三ノット）」「古鷹《ふるたか》」「衣笠《きぬがさ》」および駆逐艦二隻）が、ガダルカナル島の北方十三キロにあるサボ島の南方海上へ進出してガダルカナル島のアメリカ軍飛行場を夜間砲撃する作戦のため出航した。

これに対してアメリカ海軍は、スコット少将を指揮官とする巡洋艦部隊（重巡洋艦「サンフランシスコ」「ソルトレイクシティー」、軽巡洋艦「ボイス」「ヘレナ」および駆逐艦五隻）を送り込み、スコット艦隊は十月十一日の日没からサボ島沖で日本艦隊を待ち伏せた。

こうして十月十一日夜、スコット艦隊と五藤存知少将の第六戦隊の間で、サボ島沖海戦が勃発する。

日本の輸送船隊「日進」「千歳」は駆逐艦六隻に守られ夜陰にまぎれてガダルカナル島の泊地に到達し、午後八時二十分頃から兵員・物資の揚陸を始め、午後十一時頃、揚陸を終えてガダルカナル島から離れた。

一方、アメリカ軍飛行場を砲撃するため特殊砲弾を装填し、「日進」「千歳」の六時間後にガダルカナル島へ向け出航した第六戦隊の旗艦「青葉」は、午後九時三十分から月明かりのなか遠くにサボ島の島影を望見。さらに前進してサボ島の手前に進出した午後九時四十三分、「青葉」の見張員が夜間望遠鏡により左舷前方に艦影を視認し、

「左十五度、距離一万メートルに艦影三あり！」

と報告した。この艦影はサボ島の前面海域を哨戒しつつ、第六戦隊をさえぎるように待ち伏せていたスコット艦隊だった。しかし第六戦隊司令官・五藤存知少将は、

「これは、ガダルカナル島に兵員・物資の揚陸を済ませ、離岸して帰投中の『日進』『千歳』らの艦影だろう」

と考えた。そこで五藤存知少将は同士討ちを懸念して、すぐさま、

「ワレ、アオバ」

と味方識別の発光信号を送らせた。しかし目標からの応答はなかった。

一方、サボ島沖で待ち伏せしていたスコット艦隊の旗艦、重巡洋艦「サンフランシス

コ」の旧式レーダーが、午後九時四十五分に第六戦隊を感知した。するとスコット艦隊は、これを迎撃すべくただちに針路を修正して、一直線で進む第六戦隊の前方を阻むようにT字形の陣形を完成させた。これは日露戦争・日本海海戦のとき東郷平八郎が発明してロシア艦隊を撃滅した、必殺のT字戦法の陣形である。

同じく午後九時四十五分頃、前方の艦影を夜間望遠鏡で凝視していた「青葉」の見張り員が、

「前方の艦影は敵艦ッ！　距離七千メートルッ！」

と絶叫した。距離七千メートルは有効射程距離内である。しかし五藤存知少将はこの報告を疑問視して和戦両様の構えをとり、砲撃戦のため総員配置を命じたうえ、

「左十度、味方識別十秒」

を下令し、敵味方識別の発光信号を続信させた。

スコット艦隊の各艦のレーダーのうち軽巡洋艦「ヘレナ」のレーダーが最新・最精確だったので、午後九時四十六分、ヘレナが距離三千四百七十五メートル（「青葉」の員が距離七千メートルと判定したとき、じつは約四千メートルだった）で照射レーダー砲撃の初弾を放ち、スコット艦隊のほかの各艦も一斉に砲撃した。すると、T字形の陣形をとったスコット艦隊の先制砲撃による初弾が、旗艦「青葉」の艦橋に命中したのである。

五藤司令官は両足を太股から切断される瀕死の重傷（やがて人事不省となり八時間後に死亡）を負い、「青葉」副長・中村謙治《なかむらけんじ》中佐戦死など、司令部員は一瞬で全員壊滅。さらに「青葉」は集中砲火を浴び、午後九時五十分までに第二砲塔・第三砲塔に命中弾をうけ、戦闘能力を喪失した。とくに第三砲塔では大火災が発生し、砲弾の誘爆を避けようと弾薬庫へ緊急注水を行ったため、弾薬庫員は全員水死した。かかるなか「青葉」は、いまなお、

「ワレ、アオバ」

の発光信号を連送していた。

兵器の進化にともなう戦術の対応が明暗を分けた

非番のため作戦室で待機していた第六戦隊先任参謀・貴嶋掬徳《きしまきくのり》中佐は、かかる緊急事態でパニック状態となった艦橋へ駆け上がり、瀕死の重傷だった五藤存知少将に歩み寄り、

「司令官ッ！　反転して再挙を図りますッ！」

と述べて指揮権委譲を受けたうえ、指揮権を「青葉」艦長・久宗米次郎《ひさむねよねじろう》大佐に再移譲し、「青葉」は煙幕を張って戦場から全速で離脱した。この海戦で重巡洋艦「古鷹《ふるたか》」と駆逐艦「吹雪《ふぶき》」が沈没した。

サボ島沖海戦は、太平洋海戦で、レーダーの有無が勝敗を分けた最初の海戦だった。

東郷平八郎は、前述のとおり阿波沖海戦の実戦体験から、「艦砲の初弾はめったに当たらない。初弾は撃たず、距離を詰めて応射するのが得策」という教訓を得、日本海海戦でも「肉を切らせて骨を切る」ため初弾を撃たず、敵艦隊に初弾を撃たせた。それはそれで正しい判断だった。

しかしレーダー射撃の場合は肉眼射撃とちがい、はるかに命中精度が高いのだから、「初弾の一撃で、敵の骨を切る」のが正しい戦法なのだ。アメリカ太平洋艦隊を指揮した司令長官ニミッツは、前述のとおり、士官候補生のころから名将東郷平八郎を尊敬し、東郷を上回る名将になることを目指した。そしてこのサボ島沖海戦では部下のスコット少将が、東郷のT字戦法を採用したうえ、命中精度の高いレーダー射撃の初弾で第六戦隊を壊滅させた。

東郷を神格化して墨守した日本海軍は、東郷を尊敬したうえ超克《ちょうこく》しようとしたアメリカ海軍に敗れたのである。

世界の海軍における三大名将はネルソン（英国）、東郷、ニミッツ（米国）である。

名将の「成功の本質」を学んで継承しさらに工夫を加えて超克する者は賢者であり、神格化して墨守し工夫を加えない者は小愚である。そして名将の事績を忘却する者は大愚、といわねばならない。

第二章　第一次世界大戦の勝因

困難かつ地味な仕事をこなし信頼を得る

◉あらまし◉

第一次世界大戦は、連合軍（イギリス、アメリカ、日本ほか）と同盟国（ドイツ、オーストリアほか）によるはじめての世界大戦で、ヨーロッパ全土が戦場となっただけでなく、地中海・大西洋・インド洋から太平洋にかけて海上の戦いが広範囲に繰り広げられ、それまでとは異質な大戦争となった。

第一次世界大戦の特徴のひとつは、とくに兵員・武器・弾薬・資源を輸送する海上交通網の攻防戦が世界的規模で行われ、勝敗を決定したことである。

ドイツ海軍は、イギリス等連合国の世界規模の海上輸送網を断ち切るため、地中海・大西洋・インド洋・太平洋で暗躍した。そこでイギリスは、日英同盟により日本海軍に協力を要請。日本海軍はイギリス等連合国の海上交通を防衛する困難の多くかつ地味な仕事を引き受け、これが連合国が勝利する一要因となった。

日本は、この戦功によりイギリスの信頼を勝ち取り、新たに設立された国際連盟の常任理事国となった。

海上輸送線防衛の重要性

第一次世界大戦は、一九一四年（大正三年）六月二十八日にオーストリア南部のサライェヴォで、オーストリア皇太子夫妻がセルビアの一青年に射殺されたサライェヴォ事件を機に、オーストリアが七月二十八日にセルビアに宣戦布告して始まり、帝政ロシアがセルビアを支援した。一方、ドイツがオーストリアを支援してロシアとその同盟国であるフランスに宣戦布告。ドイツ軍がベルギーの中立を犯して北フランスへ侵攻すると、イギリスは国際法違反を理由として八月四日にドイツに宣戦布告。同盟国（オーストリア、ドイツ、トルコ、ブルガリア）VS連合国（イギリス、フランス、ロシア、日本、イタリア、アメリカなど）による、足かけ五年に及ぶ世界的な大戦争となった。

陸上戦闘はヨーロッパ全土で展開され、フランスはドイツの侵攻を受け、ロシアはタンネンベルクの戦い（一九一四年八月〜九月・218ページ図15）でドイツ軍に壊滅的打撃を受けた。

このように連合国が苦戦するなか、イギリスはオーストラリア、ニュージーランド、インドなど大英帝国の兵員や資源を総動員した。これが大英帝国の軍事的な強みだった。

これに対してドイツは東シナ海に面する膠州《こうしゅう》湾の青島を拠点とするドイツ東洋艦隊が太

平洋・インド洋へ出撃し、大英帝国の海上輸送線を破断する活動を行った（図13）。そこでイギリス海軍はイギリスの領有する香港や山東半島の威海衛、イギリス領諸島が、ドイツ東洋艦隊に奪われたり、太平洋・インド洋におけるイギリスの海上輸送線が破断されたりすることを懸念。ドイツ東洋艦隊の危険性について海軍から報告を受けたイギリス外相グレー（在任一九〇五年～一九一六年）は、日英同盟の締結相手である日本政府（第二次大隈重信《おおくましげのぶ》内閣）に、ドイツ東洋艦隊を撃滅すべく参戦するよう要請した。

つまりイギリスは、ドイツ海軍との戦場となる大西洋へ、太平洋にいたイギリス海軍の艦艇を引き揚げなければならない。すると太平洋がガラ空きになるので、同盟国日本に、

一、ドイツ東洋艦隊のアジアにおける拠点である青島のドイツ海軍基地を占領する。
二、青島を拠点とするドイツ東洋艦隊を撃滅する。
三、ドイツ東洋艦隊の補給基地である太平洋におけるドイツ領諸島を占領する

よう要請したわけである。

第二次大隈重信内閣はイギリス外相グレーの要請を受諾し、日英同盟にもとづき八月二十三日にドイツに宣戦布告した。

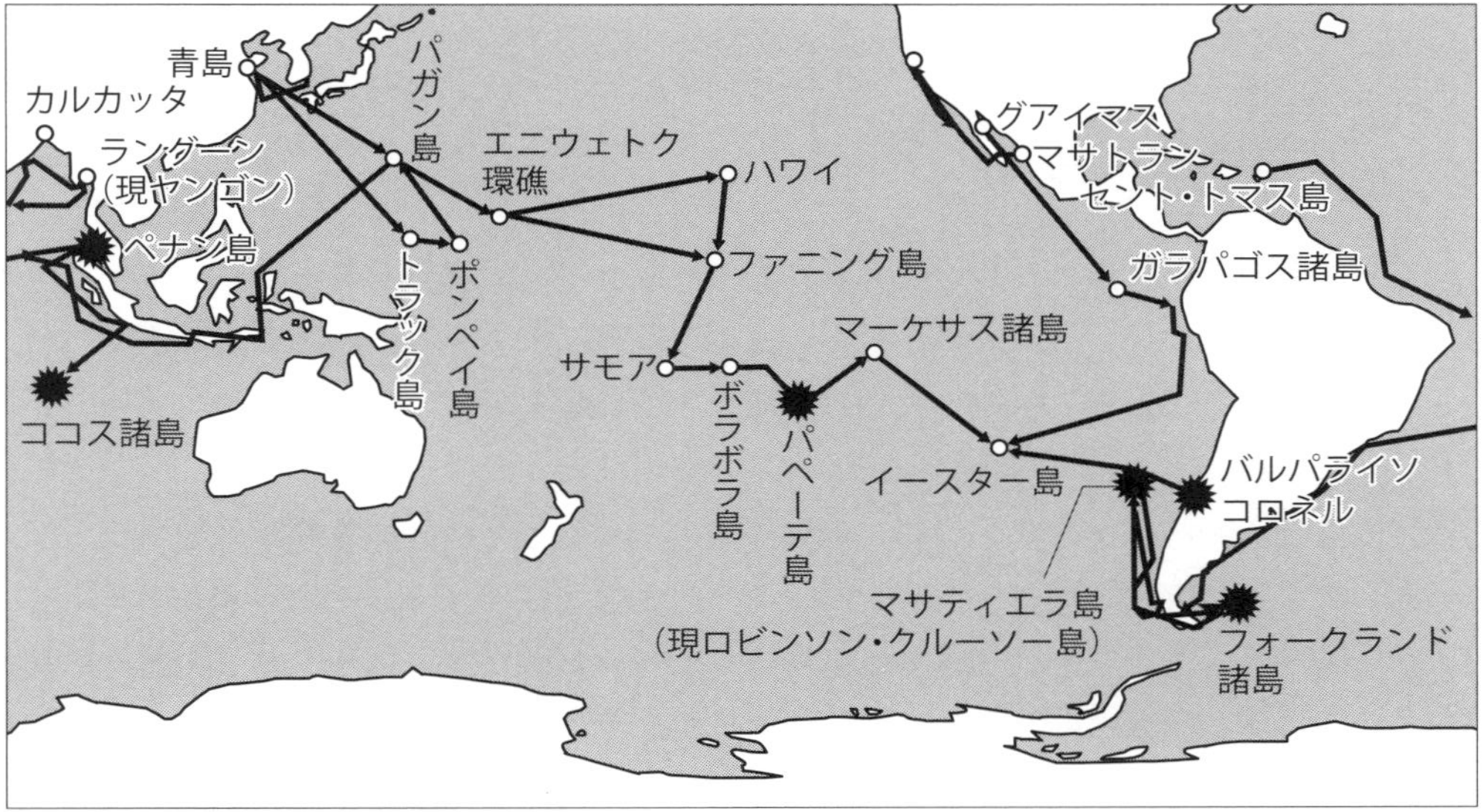

図 13：第一次世界大戦におけるドイツ東洋艦隊の航跡図

ドイツ軍の守る青島要塞を攻略

日英同盟にもとづく共同作戦として、日本陸軍の第十八師団（師団長・神尾光臣中将）二万九千名とイギリス陸軍千五百人の連合軍が、ドイツ軍四千三百名の守る膠州湾の青島要塞を総攻撃した。青島の戦いである。

まず最初に日本海軍が、ドイツ東洋艦隊の根拠地だった膠州湾を海上から封鎖した。

第十八師団は一九一四年（大正三年）九月一日に山東半島へ上陸し、青島要塞の周辺を次々に占領して包囲網を狭めたうえ、四五式二十四糎榴弾砲《センチりゅうだんほう》、三八式十五糎榴弾砲、三八式十糎カノン砲、山砲など攻城砲を据えた攻囲陣地を構築し、十月三十一日から猛砲撃を開始した。すると青島要塞のドイツ軍は十一月七日に降伏した。この戦闘における日本軍戦死者二百七十三人、イギリス軍戦死者十三人、ドイツ軍戦死者二百十人である。

シュペー中将が指揮するドイツ東洋艦隊（略称シュペー艦隊）の主力は、海上封鎖を予期して開戦前に青島を脱出していたので、膠州湾に残っていたドイツ艦艇は戦闘能力の乏しい旧式巡洋艦、旧式駆逐艦、旧式砲艦、水雷艇などだけであった。これらは自沈などで全滅した。

エムデンの砲撃により炎上するマドラス港

シュペー艦隊の暗躍

シュペー艦隊の主力（巡洋艦「シャルンホルスト」「グナイゼナウ」「ニュルンベルク」「エムデン」「ドレスデン」ほか）は、青島要塞攻撃が始まる前に膠州湾を脱出し、しばらく所在不明であった。しかし、青島要塞攻撃に向かった第十八師団が山東半島へ上陸して六日後の九月七日、突如、姿を現し、巡洋艦「ニュルンベルク」が中部太平洋にある英領ファニング島（タブアエラン島ともいう。北緯三度五十一分、西経百五十九度二十一分）を襲撃し、海底ケーブルの中継基地を破壊した。

九月十四日には巡洋艦「エムデン」がインドの東のベンガル湾に現れて商船五隻を撃沈し、九月二十一日にはインド東岸の都市マドラスを砲撃した。

「エムデン」は、イギリス砲台を砲撃して抵抗力をそいだのち、石油タンクを砲撃・炎上させ、港湾施設の多くを破壊したのである。結果、インド洋を航行する民間商船の戦時保険料が急騰し、多くの商船が出港を見合わせることとなった。この砲撃は、イギリス海軍の威信を失墜させ、イギリス植民地の人々に大英帝国への貢献を拒否するよう促す目的があったが、まさに大英帝国の顔に泥を塗る結果となった。

九月二十二日にはドイツ巡洋艦「シャルンホルスト」「グナイゼナウ」が南太平洋のフランス領タヒチ島を襲撃し、フランス砲艦「ゼネー」を撃沈した。

また「エムデン」は、十月二十八日にペナン（現・マレーシアのペナン州）港の内外で、ロシア巡洋艦「ジェムチュク」を魚雷で撃沈し、さらにフランス駆逐艦「ムスケ」を砲撃で撃沈。イギリス・フランス・ロシアの東洋艦隊に脅威をあたえ、オーストラリアやニュージーランドの陸軍将兵を太平洋・大西洋を経由してヨーロッパの激戦場へ海上輸送することが躊躇《ちゅうちょ》される事態となった（**図14**）。

イギリス海軍は、姿を現して暴れまわるシュペー艦隊を撃滅するため、クラドック少将を指揮官とするイギリス艦隊（戦艦「カノーパス」巡洋艦「グッドホープ」「マンモス」「グラスゴー」「オトラント」）に、シュペー艦隊撃滅を下命。イギリス艦隊は、シュペー艦隊をチリの沖合へ追いつめ、十一月一日、コロネル沖で海戦となった（コロネル沖海戦）。しかしイギリス艦隊は返り討ちにあい、旗艦「グッドホープ」は沈没し、クラドッ

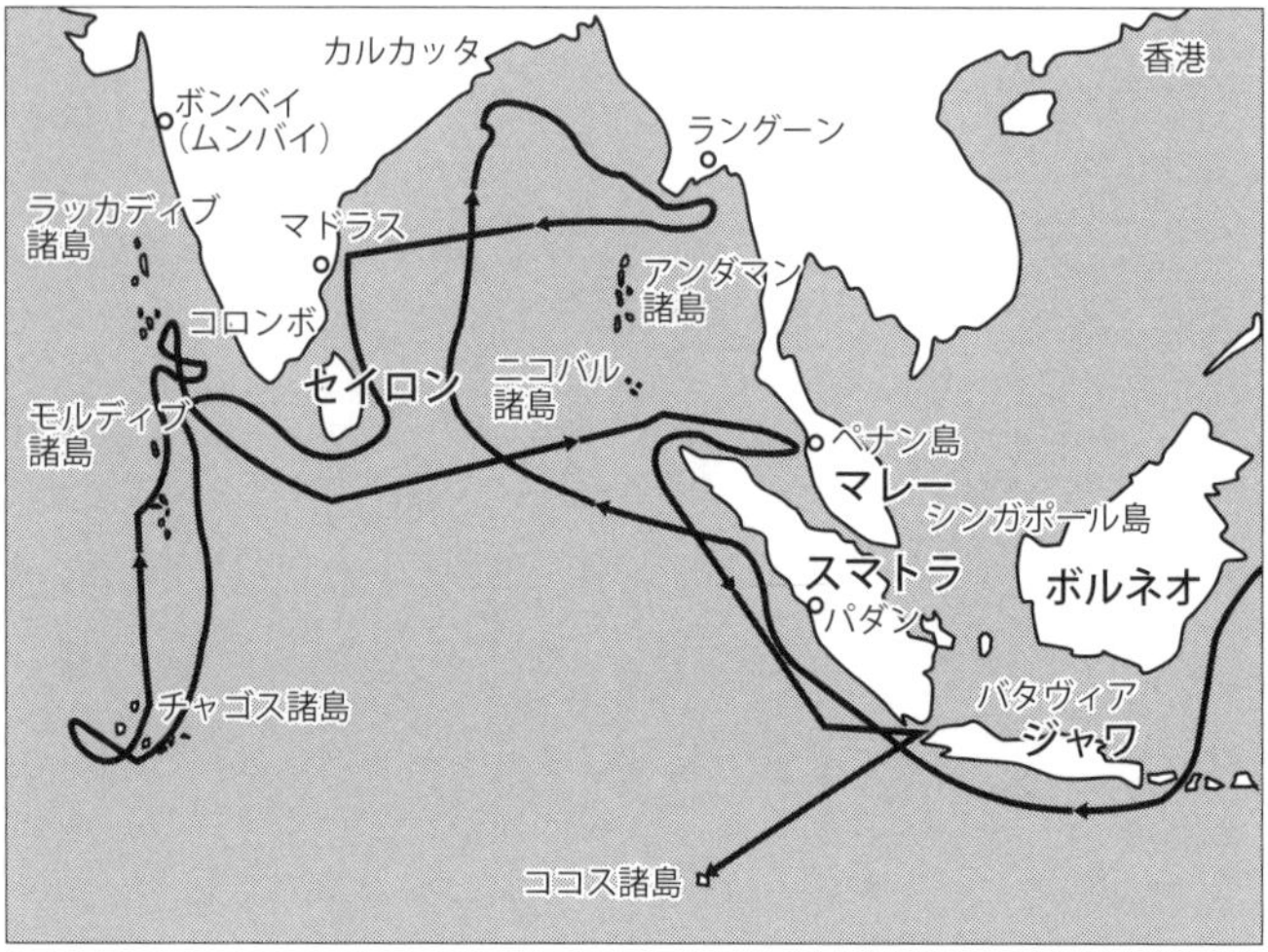

図14：インド洋におけるエムデンの通商破壊活動の航海図

ク少将は戦死。シュペー艦隊の完全勝利となったのである。

シュペー艦隊撃滅への協力

イギリス艦隊指揮官クラドック少将を斃《たお》し、完全勝利を飾ったシュペー艦隊は、太平洋・インド洋を股にかけてさらに暗躍を重ねた。

ドイツ巡洋艦「エムデン」が通商破壊のため一九一四年十一月九日、東インド洋のイギリス領ココス諸島のディレクション島を襲撃。陸戦隊五十名を上陸させてディレクション島に設置されていた無線ケーブル二本を切断し、イギリスの洋上無線アンテナ塔と無線基地を破壊した。このときディレクション島の無線基地からの緊急電報を受信したオーストラリア巡洋艦「シドニー」が駆けつけ砲撃戦となり、「エムデン」は大破し降伏した。

シュペー艦隊の暗躍に業を煮やしたイギリス海軍は、日本海軍に協力を要請すると同時に、スターディー中将を太平洋艦隊司令長官に任命。戦艦「インヴィンシブル」「インフレキシブル」巡洋艦「カーナヴォン」「コーンウォール」「ケント」「ブリストル」「グラスゴー」「マセドニア」の大艦隊が、南アメリカ南端のフォークランド諸島付近で網を張って待ち伏せた。

日本海軍はイギリス海軍に協力してイギリス・カナダ・オーストラリア連合艦隊に参加。巡洋艦「筑摩《ちくま》」「矢矧《やはぎ》」「生駒《いこま》」「出雲」「浅間」、旧式戦艦「肥前《ひぜん》」などが、フィジーやガラパゴス諸島付近から、シュペー艦隊を猟犬のように追い立てていった。

シュペー艦隊はコロネル沖海戦ののち、再び姿をくらませたが、日本艦隊に追い立てられると、大西洋への脱出を企図して南米大陸の南端・マゼラン海峡を通過。フォークランド諸島へ接近した。

そして一九一四年十二月八日、待ち伏せていたイギリス艦隊と遭遇。シュペー艦隊の旗艦「シャルンホルスト」は撃沈され、シュペー中将は戦死。シュペー艦隊は壊滅した。

スターディー中将のイギリス艦隊は、シュペー艦隊を撃滅すると、残敵掃討を日本海軍に委《ゆだ》ね、大急ぎで風雲急を告げる大西洋の主戦場へ引き揚げていった。

太平洋・インド洋を日本海軍が警備

シュペー艦隊が跳梁《ちょうりょう》している間は、海上輸送に甚《はなは》だしい危険があったにもかかわらず、第一次世界大戦勃発後、太平洋に展開していたイギリス艦艇の大部分は大西洋へ引き揚げてしまった。そのため太平洋では、それまでイギリス海軍に依存していたオーストラリアやニュージーランド領海の安全を、イギリス海軍に代わって日本海軍が守るようになる。

オーストラリアやニュージーランドは、大英帝国の一員としてヨーロッパ戦線へ陸軍部隊を派遣する義務があったが、ニュージーランドの首都ウェリントンからアラビア半島南端のアデン港までの航路のタスマン海で、陸軍部隊を満載した輸送船がシュペー艦隊に撃沈される危険があった。

そこでイギリスからの要請に応じ、日本海軍は巡洋艦「伊吹《いぶき》」を派遣。「伊吹」はイギリス巡洋艦「ミノトーア」、オーストラリア巡洋艦「シドニー」「メルボルン」とともに、ヨーロッパへ派兵されるニュージーランド陸軍部隊を乗せた輸送船十隻とオーストラリア陸軍部隊を乗せた輸送船二十八隻をアデン港まで護衛した。

一九一四年十二月にシュペー艦隊が撃滅され、太平洋・インド洋のドイツ艦隊が一掃されると、もともと数少なかったオーストラリア海軍の艦艇も、イギリス海軍との協働のため、主戦場である大西洋へ転出した。このためオーストラリアの領海を守る自国の海軍は巡洋艦一隻のみになってしまった。

ドイツはシュペー艦隊を失ったのち、一九一六年年初から、ドイツ商船に武装を施して「武装商船」とし、海上交通破壊作戦を開始した。このためインド洋と太平洋が、再び危険になった。

そこでイギリスは日本に、一九一六年二月八日、オーストラリア〜アデン間の航路警戒とマラッカ海峡（マレー半島とスマトラ島との間の海峡。インド洋と太平洋を結ぶ）警備のため、艦艇の派遣を要請。日本海軍はこれを受けて、巡洋艦「利根《とね》」「対馬《つしま》」をインド洋へ、駆逐艦四隻をマラッカ海峡へ派遣した。

このように、当時オーストラリア・ニュージーランド周辺海域とヨーロッパを結ぶ海上航路の安全は、日本海軍の双肩《そうけん》にかかっていた。この事情について「ドイツ公刊戦史」は、「シュペー艦隊が南米へ逃れたのは、日本艦隊を恐れたためである。ドイツ武装商船がオーストラリア・ニュージーランド周辺海域に出没しなかったのは、日本海軍の艦艇が厳重に警戒していたからだ」

と述べている。

喜望峰、地中海まで広がる日本海軍の活動

ドイツは通商破壊作戦を強化し、一九一七年二月一日、無制限潜水艦戦を宣言した。これは、戦闘海域に入った船舶を、国籍を問わずに撃沈するというものである。

そこでイギリス海軍は日本海軍に対し、喜望峰と地中海への艦艇の派遣を要請した。

要請を受けた日本は、同年二月七日、第一特務艦隊（司令官・小栗孝三郎《おぐりこうざぶろう》少将。巡洋艦「矢矧」「対馬」「新高」「須磨《すま》」および駆逐艦四隻）と、第二特務艦隊（司令官・佐藤皐蔵《さとうこうぞう》少将。巡洋艦「明石」および駆逐艦「榊《さかき》」「松《まつ》」「梅《うめ》」「楠《くすのき》」「桂《かつら》」「楓《かえで》」「杉《すぎ》」「柏《かしわ》」）を編成。

第一特務艦隊では、巡洋艦「対馬」「新高」が喜望峰へ出動し、そのほかの艦艇は南シナ海、スル海（フィリピンの南部・ミンダナオ島西方海域）、インドネシア近海、インド洋の哨戒にあたった。

第二特務艦隊は地中海へ派遣され、同年四月から作戦に従事する。第二特務艦隊には、こののち、同年七月、駆逐艦「檜《ひのき》」「樫」「柳《やなぎ》」「桃《もも》」が増派される。

一九一七年二月下旬、

「ドイツ武装商船『ウルフ』がインド洋へ侵入した」

との情報が伝えられた。するとイギリス海軍は、一九一七年三月、日本海軍に対し、

一、オーストラリア・ニュージーランド周辺海域の警戒
二、モーリシャス方面の警備
三、インド洋の警戒
四、オーストラリア～コロンボ（イギリス領セイロン《現・スリランカ》の都市）間の
　　船舶護衛

などを要請した。

要請を受けた日本海軍は、第一特務艦隊に巡洋艦「利根」「出雲」を増派。第三特務艦隊（巡洋艦「筑摩」「平戸《ひらと》」）が四月十四日に新たに編成され、オーストラリア・ニュージーランド周辺海域の警戒にあたった。

さらに四月上旬～六月上旬には、第三特務艦隊に巡洋艦「春日」「日進」を増派し、「春日」をコロンボへ、「日進」をフリーマントル（オーストラリア南西の都市パースの外港）へ配備。コロンボ～フリーマントル間の船舶護衛（護衛船舶数十六隻）と、インド洋の警備にあたった。

一九一七年五月、ドイツ武装商船「ウルフ」は、ついに太平洋へ侵入し、連合国側の兵

器・物資などを輸送する貨物船「ワイルナ号」を拿捕した。さらに貨物船「ポートケンプラ号」と客船「ウイメラ号」が触雷・沈没。二ヵ月間に、十二件もの行方不明船や怪船出現情報が乱れ飛んだ。

これに対して第三特務艦隊の巡洋艦「筑摩」「平戸」は、オーストラリア・ニュージーランド周辺海域の警戒を強化。一九一七年七月には「カンバーランド号」を救助し、八月から九月にかけて、行方不明になった「マツンガ号」を捜索・救助。九月から十月にかけて、ドイツ武装商船「ゼーアドラ」を攻撃するため出動した。

イギリス海軍軍令部は、こうした日本海軍の活躍について、一九一七年四月十四日付戦況報告で、

「(日本海軍の艦艇は) 地中海で巡洋艦一隻・駆逐艦八隻が活動中。巡洋艦二隻がセイロン～モーリシャス間でオーストラリア陸軍輸送船を護衛中。巡洋艦「利根」がシンガポール～コロンボ間でイギリス陸軍輸送船を護衛中。巡洋艦二隻・駆逐艦四隻がマラッカ海峡を哨戒中」

と報告している。

ドイツ潜水艦と戦ったマルタ島の第二特務艦隊

地中海へ派遣された第二特務艦隊は、イタリアの南に位置するマルタ島を根拠地とし、イギリス地中海艦隊司令官のもとで、兵員輸送船の護衛にあたった（図15）。護衛区間はアレクサンドリア（エジプト）～マルタ島～マルセイユ（フランス）、アレクサンドリア～タラント（イタリア半島南端）、マルタ島～サロニカ（バルカン半島南岸）など。護衛回数は三百四十八回、航程累計二十四万海里、護衛船舶総数七百八十八隻、護衛兵員七十万人である。第二特務艦隊の出動率は七二％（イギリス六〇％、フランス四五％）と高く、月間出動日数は二十二日、月間航程は六千マイルにおよんだ。

第二特務艦隊の活動の一例としては、一九一七年、連合国側の陸軍将兵三千二百六十六人・武器弾薬を満載した「トランシルヴァニア号」が、駆逐艦「榊」「松」の護衛をうけてマルセイユを出航し、東進していたところ、五月四日午前十一時三十分、イタリアのジェノバ沖で、ドイツ潜水艦の魚雷攻撃を受け沈没。「榊」と「松」は懸命の救助活動を行い、駆けつけたイタリア駆逐艦二隻と協働して、海中に放り出された「トランシルヴァニア号」乗組員三千人を救助した。イギリス公刊戦史は「榊」「松」の救助活動を、「日本駆逐艦『榊』『松』は、自艦が魚雷攻撃を受ける危険を顧みず、勇敢に行動。巧みな操船により、『トランシルヴァニア号』被雷時には三千二百六十六人中三千人を救助。定期船『ムールタン号』の被雷時には五百五十四人中五百五十三人を救助した」

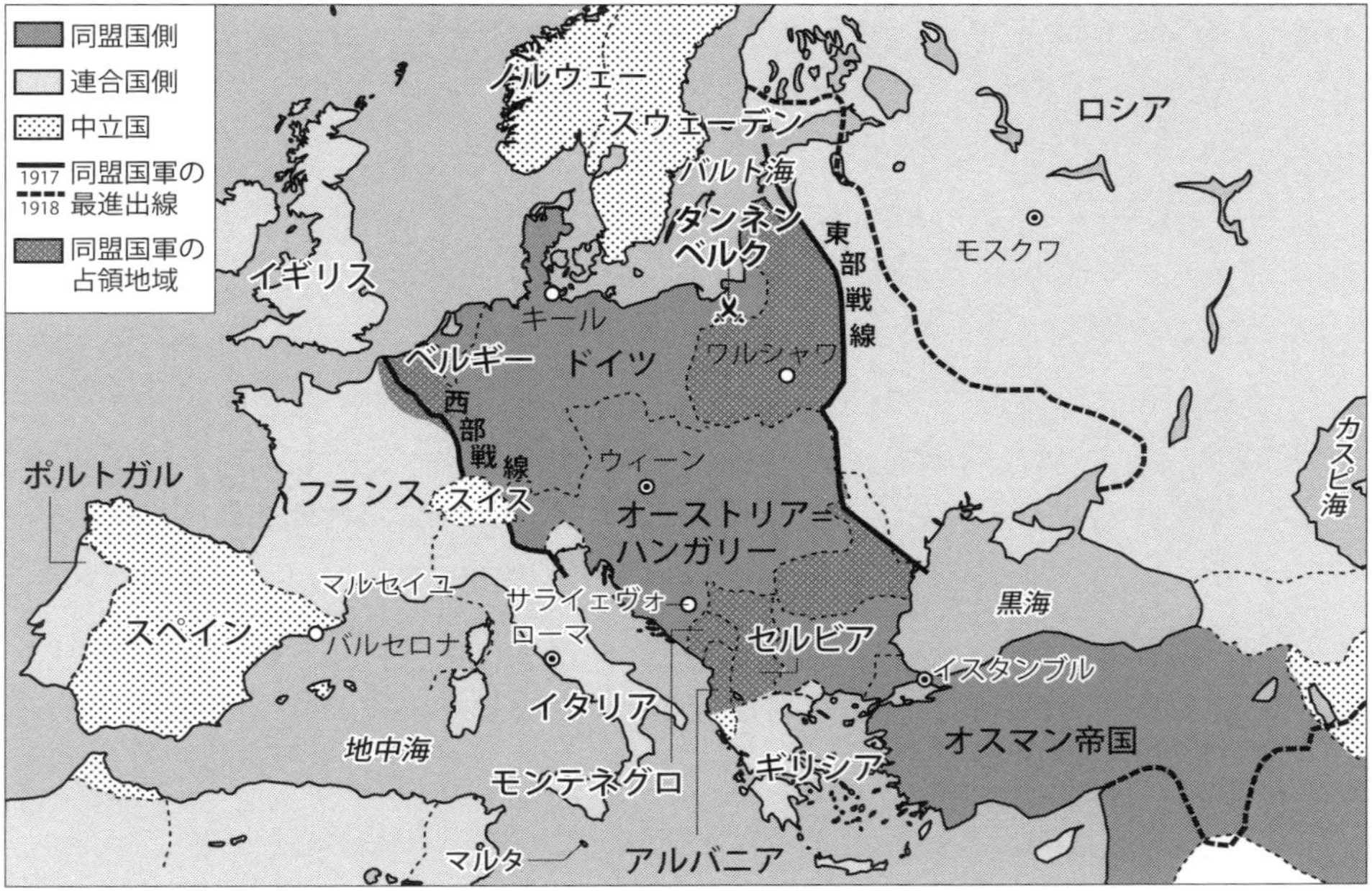

図 15：第一次世界大戦中のヨーロッパ要図

とたたえている。

マルタ島基地司令官バラード少将は、第二特務艦隊の活動について、

「司令官佐藤皐蔵少将は、我々の数々の要望に応えてくれた。我々は、その仕事振りに満足している。日本艦隊の支援は貴重である」

と報告。地中海艦隊司令官ディケンズ中将は、

「司令官佐藤皐蔵少将は、私の要望に応じようと、艦隊を常に『即応体制』に維持した。佐藤皐蔵司令官の部下は、常に任務を完全に遂行している。日本艦隊は素晴らしい」

と日本海軍を称賛した。

イギリス国王ジョージ五世は、一九一七年五月五日、駐英公使の珍田《ちんだ》捨巳《すてみ》をウィンザー宮殿へ招き、

「日本海軍軍人の活躍につき、イギリス海軍指揮官より深謝の報告あり。朕は深く感動し、満足するものなり」

と、感謝の意を表明した。

一ヵ月後の一九一七年六月十一日、駆逐艦「榊」は、僚艦（同じ任務についている味方の軍艦のこと）の「松」とともに病院船の護衛任務を果たし、補給を終えて艦隊根拠地の

マルタ島へ戻る途中、クレタ島北方海域にて、ドイツ潜水艦の魚雷攻撃を受けた。

午後一時三十二分、見張員が、突如、

「潜望鏡発見ッ！　左真横百八十メートル！」

と絶叫。艦長・上原《うえはら》太一《たいち》少佐は、とっさに、

「面舵《おもかじ》（右回頭のこと）一杯ッ！　急げッ！」

と叫び、砲撃を下命。しかしその直後、敵潜水艦の魚雷が「榊」の左艦首に命中。前部火薬庫が誘爆した。上原太一艦長は即死。竹垣純信《たけがきすみのぶ》機関長は全身打撲による瀕死の重傷で、二時間後に絶命。前部準士官室に在室の者は全滅。「榊」は艦橋付近から前部をことごとく粉砕され、機関停止した。

僚艦「松」は距離一千メートルを保って「榊」の周囲を旋回。爆雷と砲撃で敵潜水艦を制圧し、その後の被害はなかった。危急を聞いたイギリス駆逐艦「リップル」が現場へ急行し、午後二時五十分に現場に到着して「榊」に接近。ボートを下ろして負傷者を収容し、曳航索《えいこうさく》を結んで「榊」の曳航を開始。イギリス軍艦「パートリッジ二世」「ゼッド」「ガゼル」、フランス水雷艇「ＡＣ」が駆けつけ、「榊」を護衛した。

駆逐艦「榊」の戦死者は艦長の上原太一少佐、竹垣純信機関長ら五十九人である。

こうした日本艦艇の努力と苦闘について、イギリス議会は一九一七年末、「日本海軍に

対する感謝決議」を採択。イギリス外相バルフォア（在任一九一六年〜一九一九年）は、一九一八年八月、訪英した日本赤十字代表に対して、

「今日、日本海軍の支援なしに、イギリスからエジプト、インド、オーストラリア、ニュージーランドへ行くことはできない」

と感謝の意を表明。

またイギリス前外相グレーは、大戦終了後、

「第一次世界大戦において、日本は、イギリスにとって、名誉ある忠実な同盟者だった」

と、第一次世界大戦における日本海軍の活動を高く評価した。

軍事同盟は、こうした努力によって、守られていくのである。このように、日本がイギリスの信頼を得たことが、日本の国際的地位を高めたのだ。

マルタ島イギリス海軍墓地にある日本海軍第二特務艦隊戦没者の墓

駆逐艦「榊」の戦死者五十九人に加え、海中転落事故死・病死など第二特務艦隊の戦病死者計七十八人は、いまなおマルタ島カルカーラの丘に眠っている。

勝敗を決した海上交通攻防戦

一九一七年二月一日、ドイツが通商破壊作戦を強化し無制限潜水艦戦を宣言すると、それまで中立を守っていたアメリカが一九一七年四月六日にドイツに宣戦布告した。

一方、帝政ロシアではタンネンベルクの戦いで大敗すると民衆の不満が強まり、ロシア革命が発生してソ連が誕生。ソ連は一九一八年三月三日にドイツと単独講和を結び、戦線から脱落した。そこでドイツ軍はロシアに備えていた東部戦線の兵力を西部戦線へ送り、同年三月二十一日から大攻勢をしかけたが、撃退され退却に転じた。するとドイツ国内で反戦の声が高まり、一九一八年十一月三日にキール軍港で水兵による暴動が起き、ドイツ皇帝ヴィルヘルム二世はオランダへ亡命し、大戦は終わった。

第一次世界大戦は、それまでとまったく異質な大戦争であった。その特徴のひとつは、たとえば、

「インド兵やオーストラリア兵、ニュージーランド兵をヨーロッパの激戦地へ送る」

というように、兵員・武器・弾薬や工業用原料資源を輸送する、海上交通網の防衛と破壊の攻防戦が世界的規模で行われ、勝敗の帰趨《きすう》を決定したことである。

第一次世界大戦でイギリス兵三百九十万人が出征したが、大英帝国の植民地インドは百五十万人を動員し、インド兵百十万人が海外の戦場へ出兵した。このインドの犠牲なくして、イギリスは第一次世界大戦に勝つことはできなかったのである。また、一九一五年四月、トルコを攻撃すべくダーダネルス海峡に面するガリポリ半島へ上陸したオーストラリア・ニュージーランド兵三万人は、トルコ砲兵の猛烈な砲撃を受けてほぼ全滅した。

ドイツは、大英帝国など連合国の世界規模の海上輸送網を断ち切るため、シュペー艦隊や武装商船や潜水艦を太平洋・インド洋・地中海・大西洋で暗躍させた。こうしたなか日本海軍はイギリスを支援し、連合国の海上交通を防衛する地道な努力を重ねた。このことが大英帝国など連合国が勝利した要因なのである。

船団護衛は華々しさも派手さもない地味な任務であるうえ、いつ敵潜水艦の雷撃を受けるかわからないため長期の緊張を強いられる辛苦と危険を伴う困難な作戦なのだが、日本海軍軍人は日露戦争中のイギリス海軍の好意と支援に対する恩返しという意味で、この困難に耐えた。そして日本海軍は、ドイツが始めた無制限潜水艦作戦という海上交通破壊戦の攻防の場で、連合国の海上輸送路を防衛する殊勲を挙げた。

ロンドン大学名誉教授ニッシュは、巡洋艦や駆逐艦による哨戒や船団護衛により太平洋・インド洋・地中海における制海権を確保した日本海軍について、「海軍という面においては、連合国陣営のなかで、日本海軍が大英帝国の勝利にもっとも貢献した」（『斜陽の同盟』）

と述べ、大英帝国の組織力の維持に果たした日本海軍の役割を高く評価した。

戦後、連合国二十七ヵ国代表により一九一九年一月にパリ講和会議が開かれ、戦勝に寄与した五大国（イギリス、フランス、日本、アメリカ、イタリア）が会議を主導し、六月二十八日にドイツとの講和条約（ヴェルサイユ条約）が調印された。これにともない世界平和を目指した国際連盟が設立され、イギリス・フランス・日本・イタリアが常任理事国になった。なおアメリカは上院の反対で、国際連盟に加盟しなかった。

日本が常任理事国に入れたのは、戦争勝利の重要な要素だった困難の多い地味な船団護衛をこなし、イギリスの信頼を勝ち取ったからである。

ところが日本人は、この戦功をきれいさっぱり忘却してしまった。

海上輸送網の重要性を忘れた日本VS忘れなかったアメリカ

のちの太平洋戦争で、アメリカが勝ち、日本が負けた原因のひとつに、アメリカ海軍は海上交通攻防戦の重要性を認識し、戦争の基軸に据えた一方で、日本海軍は海上交通の防衛を行わなかったことが挙げられる。

資源のない日本が、資源を南方から日本本土へ運び入れ、また南方へ陸軍将兵を送るのは、すべて海上輸送であった。すなわち日本がアメリカと太平洋戦争を戦うには、本土と南方との海上交通が防衛されることが前提となる。

日本海軍は、第一次世界大戦のとき、こういう地味な作業をイギリスのために行った。しかるに太平洋戦争のとき、日本海軍は海上交通の防衛を行わなかったのである。このため、南方へ陸兵を送り、南方から資源を積んで戻ってくる多くの輸送船が、アメリカ潜水艦の餌食となって沈没。工業資源が枯渇した国内では武器生産が停滞し、敗因となる。

日本海軍でも中枢の軍人は、皆このことをわかっていた。

吉田善吾海軍大臣

海軍軍令部は、太平洋戦争開戦一年半前の昭和十五年（一九四〇年）五月十五日から二十一日にかけて、蘭印《らんいん》（オランダ領東インドの略称。現・インドネシア）を占領した場合における対米戦について、軍令部第一部長・宇垣纏《うがきまとめ》を統監として第一回図上演習（審判長：中沢佑《なかざわたすく》軍令部第一課長、日本海軍：橋本象造《はしもとしょうぞう》軍令部第四課長、アメリカ海軍：松田千秋《まつだちあき》軍令部第五課長）を行った。その結果は、次のとおり悲惨なものだった。

一、開戦当初、日本海軍の作戦は極めて順調に推移する。しかしやがて損傷艦艇の修理で手一杯となり、建艦能力はアメリカ海軍と比べて格段に劣後する。

二、アメリカは建艦能力を発揮し、開戦一年半後には日本海軍の軍艦保有量は対米五割となる。したがって戦力は〇・五×〇・五＝〇・二五で四分の一となる。

三、日本海軍の頽勢《たいせい》は顕著で、開戦一年半以降、勝算はまったくない。

海相吉田善吾《よしだぜんご》は、五月二十五日に軍令部第一部長・宇垣纏から結果の報告を聞くと、

「蘭印の資源要地を占領しても、海上交通線の確保が困難なので、南方資源を日本にもちかえることは不可能である。だから蘭印の攻略は無意味である。アメリカは日本に対して全面禁輸を行うのではないか」

と述べた。吉田善吾はアメリカとの対立を避けるよう孤軍奮闘し、八月二日には、

「アメリカは日本に経済封鎖をするだろう。日本海軍がアメリカ海軍と戦えるのはせいぜい一年間である。アメリカが日本を持久戦に引きずり込むなら、日本は窮境に陥る」

と述べ、日米戦争の悲惨な結末を精確に予測。昭和十五年（一九四〇年）八月三十日には、

「このままでは日本は滅んでしまう」

とつぶやき、九月四日、極度の緊張・疲労による絶望から自殺をほのめかすほど精神状態が悪化し、血圧上昇・狭心症を発症して入院し、海相を辞任した。海相として、敗北が明らかな戦いをすることはできない、というのが吉田善吾の責任感だったのである。

日本の資源調達の妨害を目指したアメリカのオレンジ計画

そもそもアメリカは、日露戦争が始まる七年前の一八九七年に日本を軍事征服する「オレンジ計画」を策定しており、それを太平洋戦争で実際に運用した。オレンジ計画の要諦は、

「日本の資源調達を妨害し、長期戦に引きずり込んだうえ、日本海軍を壊滅させる」

という点にあった。これについて一九一一年（明治四十四年）版オレンジ計画は、

「まず最初にアメリカが日本を経済的に封じ込める。そして『経済封鎖』に苦しみ抜いた日本が、苦しまぎれに暴れ出すのを待つ。最も可能性が高いのは、日本がアメリカの『封じ込め政策』を終わらせ、自国の通商航路を防衛しながら、側面海域を守っていこうとす

ることだろう。このことは必然的に、日本はフィリピン、グアム、ハワイを占領してアメリカ海軍を太平洋から駆逐しようとすることを意味する。したがってアメリカは、海上作戦によって制海権を握り、日本の通商路を破断し、日本の息の根を止めるべきである」と対日戦争の基本戦略を定めた。そして対日戦争の行程表を、

第一段階　開戦当初、地理的に有利な日本海軍が太平洋のアメリカ領諸島を占領する。
第二段階　アメリカ艦隊は、日本の通商線を破断し、海戦により日本艦隊を圧倒する。
第三段階　アメリカ海軍は海上封鎖によって日本の食糧・燃料・原材料を枯渇させ、日本本土に戦略爆撃を加えて、日本を屈服させる。

とした。太平洋戦争の流れを少しでもご存じの方は、アメリカ軍がまさにこのとおりに戦争を進めたことが、すぐにおわかりになるだろう。

前述の昭和十五年（一九四〇年）五月の海軍軍令部の図上演習は、アメリカの一九一一年（明治四十四年）版オレンジ計画にようやく追いつき、同様の認識に立ち至ったわけである。

日米外交交渉が難航し、昭和十六年十一月二十六日、ハル国務長官が日本にハル・ノー

トを手交して、アメリカは対日戦争モードに突入し、アジア海域に展開する潜水艦部隊に、
「日米開戦の場合、非武装の商船でも無警告で攻撃してよい」
とする無制限潜水艦作戦を発令した。

太平洋戦争が開戦になると、日本が南方へ陸軍将兵を送り、南方から資源を積んで戻ってくる多くの輸送船がアメリカ潜水艦に撃沈され、日本は敗戦への道をたどった。

これは「第一次世界大戦のとき日本海軍が成し遂げた海上交通網の防衛という輝かしい成功の本質」を、アメリカ海軍は賞賛して作戦の基軸に据え、日本海軍が「先輩たちが成し遂げた海上交通網の防衛という輝かしい成功の本質」を忘却した結果なのである。

ドイツ人捕虜の厚遇

第一次世界大戦については、このようなエピソードもある。

日本はこの戦争において国際法を遵守し、ドイツ人捕虜四千七百十五名を丁重に扱った。板東俘虜収容所《ばんどうふりょしゅうようしょ》（徳島県）、習志野《ならしの》俘虜収容所（千葉県）、似島《にのしま》俘虜収容所（広島県）などのうち、板東俘虜収容所はドイツ人捕虜約千名を収容した。

板東俘虜収容所長の松江豊寿《まつえとよひさ》中佐（最終階級は陸軍少将）は会津《あいづ》藩士・松江久平《まつえきゅうへい》の長男として生まれた。会津藩は戊辰《ぼしん》戦争で賊軍として敗れ、降伏後、会津士族は火山灰地質で

厳寒不毛の下北《しもきた》半島（青森県北東部）の斗南《となみ》へ押し込められ、飢餓地獄に陥り、多くの会津藩士家族が餓死した。この悲哀を味わった会津藩士の子弟に生まれた体験が、松江豊寿の良心的な人格を形成した。

松江豊寿はドイツ人捕虜を人道的に扱い、可能な限り自主活動を奨励し、諸活動を許した。捕虜の情操保持のため音楽などの文化活動も盛んで、同収容所内でベートーベンの交響曲第九番が日本ではじめて演奏された。ドイツ人捕虜は地元住民との交流も許され、地元住民から「ドイツさん」とよばれ、親しまれた。捕虜の多くは家具職人、時計職人、楽器職人、写真家、印刷工、製本工、鍛冶屋、床屋、靴職人、仕立屋、肉屋、パン屋などで、彼らが製作した作品を地元住民に販売する経済活動も行われた。敷島製《しきしませい》パン創業者の盛田《もりた》善平《ぜんぺい》は、ドイツ人捕虜からパンの製造法を学び、パン製造事業に参入したとされる。

板東俘虜収容所は、第一次大戦終了に伴い一九二〇年四月に閉鎖され、捕虜たちは帰国したが、彼らは松江豊寿の公正寛大で、人道的かつ友好的な温かい扱いを忘れず、

「世界のどこに、松江のような素晴らしい俘虜収容所長がいただろうか」

と語った、という。

また五百四十五名を受け入れた似島俘虜収容所では、菓子職人カール・ユーハイムが日本ではじめてバウムクーヘンを焼き上げた、という。

おもな参考文献

『庶民のみた日清・日露戦争』大濱徹也（刀水書房）
『大津事件』尾佐竹猛（岩波書店）
『朝鮮史』武田幸男（山川出版社）
『朝鮮の歴史』朝鮮史研究会（三省堂）
『韓国の歴史』宋讃燮・洪淳権（明石書店）
『朝鮮史』李玉（白水社）
『日清・日露戦争』原田敬一（岩波書店）
『日清戦争』大谷正（中央公論新社）
『日清戦争』藤村道生（岩波書店）
『日本海軍史』外山三郎（吉川弘文館）
『日本海軍運命を分けた20の決戦』太平洋戦争研究会（ＰＨＰ研究所）
『乃木希典――予は諸君の子弟を殺したり』佐々木英昭（ミネルヴァ書房）
『明治卅七八年日露戦史』参謀本部（東京偕行社）

『機密日露戦史』谷壽夫（原書房）
『日露戦争』児島襄（文藝春秋）
『日露戦争と日本人』鈴木荘一（かんき出版）
『西南戦争と西郷隆盛』落合弘樹（吉川弘文館）
『バルチック艦隊』大江志乃夫（中央公論新社）
『日英同盟』平間洋一（ＰＨＰ研究所）
『ドキュメント太平洋戦争全史』亀井宏（講談社）
『日本征服を狙ったアメリカの「オレンジ計画」と大正天皇』鈴木荘一（かんき出版）
『日本海軍地中海遠征記』片岡覚太郎（河出書房新社）
『海軍と日本』池田清（中央公論社）
『大英帝国衰亡史』中西輝政（ＰＨＰ研究所）
『戦車隊よもやま物語』寺本弘（光人社）
『戦車戦入門』木俣滋郎（光人社）
『サムライ戦車隊長』島田豊作（光人社）
『戦車と戦車戦』島田豊作ほか（潮書房光人社）
『帝国陸軍の最後』伊藤正徳（光人社）

『キスカ島奇跡の撤退』将口泰浩（新潮社）

著者略歴

1948年、東京に生まれる。

近代史研究家。

1971年東京大学経済学部卒業後、日本興業銀行にて審査、産業調査、融資、資金業務などに携わる。2001年日本興業銀行を退職し、以後歴史研究に専念、「幕末史を見直す会」代表として、活動している。

著書には『明治維新の正体』『政府に尋問の筋これあり』（以上、毎日ワンズ）、『日露戦争と日本人』『日本征服を狙ったアメリカの「オレンジ計画」と大正天皇』（以上、かんき出版）、『アメリカの罠に嵌まった太平洋戦争』（自由社）、『幕末の天才　徳川慶喜の孤独』『陸軍の横暴と闘った西園寺公望の失意』『昭和の宰相　近衛文麿の悲劇』『雪の二・二六』『三島由紀夫と青年将校』『名将　山本五十六の絶望』（以上、勉誠出版）、『名将　乃木希典と帝国陸軍の陥穽』（さくら舎）などがある。

日本陸海軍《にほんりくかいぐん》　勝因《しょういん》の研究《けんきゅう》

二〇二一年七月一二日　第一刷発行

著者　鈴木荘一《すずきそういち》

発行者　古屋信吾

発行所　株式会社さくら舎　http://www.sakurasha.com
東京都千代田区富士見一-二-一一　〒一〇二-〇〇七一
電話　営業　〇三-五二一一-六五三三　FAX　〇三-五二一一-六四八一
編集　〇三-五二一一-六四八〇　振替　〇〇一九〇-八-四〇二〇六〇

装丁　石間　淳

写真　毎日新聞社

作図　株式会社システムタンク（白石知美）

印刷・製本　中央精版印刷株式会社

©2021 Suzuki Soichi Printed in Japan

ISBN978-4-86581-304-3

本書の全部または一部の複写・複製・転訳載および磁気または光記録媒体への入力等を禁じます。これらの許諾については小社までご照会ください。

落丁本・乱丁本は購入書店名を明記のうえ、小社にお送りください。送料は小社負担にてお取り替えいたします。なお、この本の内容についてのお問い合わせは編集部あてにお願いいたします。定価はカバーに表示してあります。

さくら舎の好評既刊

鈴木荘一

名将　乃木希典と帝国陸軍の陥穽

乃木大将なくして日露戦争の勝利はなし！　明治から昭和の破滅をもたらした帝国陸軍の愚の系譜をさまざまな資料から再検証！

1500円（＋税）

定価は変更することがあります。

さくら舎の好評既刊

松本泉

日本大空爆

米軍戦略爆撃の全貌

本土空襲は民間人を狙った空爆だった！　街と人々を猛火に包み焼き払った残虐な焼夷弾爆撃の記録。米軍第一級資料がいま明らかに！

1800円（＋税）

定価は変更することがあります。

さくら舎の好評既刊

坂 夏樹

命の救援電車

大阪大空襲の奇跡

1945年3月の大阪大空襲の夜、謎の電車が走って猛火から逃げる多くの人々を救った！　歴史に埋もれた戦災秘話がいま明らかに！

1700円（＋税）

定価は変更することがあります。

さくら舎の好評既刊

八幡和郎

日本人のための日中韓興亡史

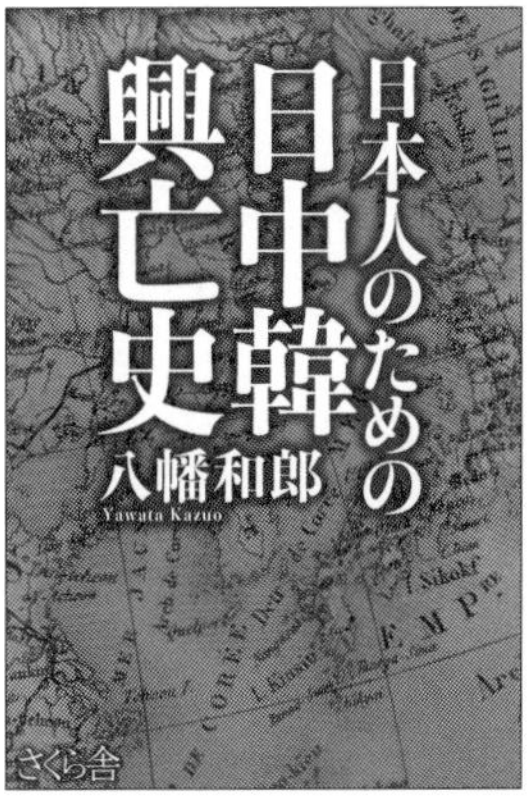

中国の中華思想に日韓はどう対処した？　韓国の二股外交はいつ始まった？　地政学と深い絡み合いの歴史から見えてくる激動の三国史！

1800円（＋税）

定価は変更することがあります。